300
RMB Nice Buy

巧买葡萄酒

齐仲蝉 著
Chantal Chi

文汇出版社

本书介绍的葡萄酒不是名牌酒，
也不是要窖藏十年、二十年的酒，
但它们能陪你晚餐、陪着你和朋友，
一起聊到深夜的佳酿……

记得刚开始喝酒的时候，总觉得很迷惘，那么多的葡萄酒，该挑哪一瓶喝？

几位国际葡萄酒界的老前辈跟我说，在二三十年以前，他们品酒可没现在幸福，那时候的技术水平不够稳定，他们喝了一堆难以下咽的东西。而现在，想喝到一瓶差劲的酒反倒不容易。我暗自庆幸生得晚，躲过了当实验品的危机，不过在葡萄酒"疯"行世界的时代，总有种酒太多、喝不完的感觉，有道是"太多的选择=没有选择"！

现在喝得多了，换成别人问我，有什么好喝的葡萄酒可以推荐？

这个问题其实不怎么容易回答，因为葡萄酒好不好喝，首先是很个人化的感受，再者，喝酒经验的长短也会影响对酒的喜好。

一般说来，刚开始接触葡萄酒的人喜欢口感甜、果味浓、香气四溢的，酒体柔顺得像羊绒，又轻又软，不能有涩口的感觉。若喝下去令人眉头一皱，心里就会想，这酒怎么这么涩？从此对酒有恐惧感。因此那种需要时间软化、单宁很强硬的红葡萄酒，只会把他们给吓跑。然而随着经验的累积、喝到某种阶段的时候，便能懂得欣赏饱满、有层次、有组织感的葡萄酒，而且还会懂得单宁的差异，以及它所赋予葡萄酒的力量。

所以我在选酒评酒的时候，为大家设计了个性标签，比如说新手试饮、平易近人、配菜能手、窖藏等等。好让大家在第一眼就能找到适合自己的葡萄酒。

本书推荐的酒是这样挑选出来的：每周一次，我在早上10点半到12点之间(专业人士品酒的时间，也是最适合品评的时间)，将葡萄酒分类后一批批盲品。整个品酒过程前前后后大概历时五个月，这远远超过了我原先预设的进度，原因是有些酒又回头喝，想观察它的变化。最后挑选出来的酒占样品酒的三分之一，比我期待的少了一半，大概是因为我挑嘴吧。

葡萄酒的世界浩瀚，还有许多好酒要一一去试，这第一版的《300元巧买葡萄酒》中的推荐，能让读者们喝上一阵子，日后待我发现新品时必定会陆续添加，和大家分享。

在我看来，没有必要天天开名庄酒，也不是只有贵的酒才能让人尽兴，喝葡萄酒更不是富人的特权。希望这本书能让你在开瓶时觉得，"享受葡萄酒，原来可以这样轻松"！

在我的眼中，一瓶酒不是一瓶酒。

它让我想起托斯卡纳的成排柏树、新西兰那个冰河湖旁的酒庄、阿根廷高山里的溪流、骑着马逛智利的葡萄园、阿里巴巴似的香槟酒窖……

　　然而这些拍出来的光鲜画面其实只是葡萄酒的一小部分，还有酒农们在寒冬中剪枝的背影、橡木桶制造师粗糙的双手、冒着生命危险钻到发酵槽里工作的酿酒师……

　　它是一种工艺、一个独特的文化符号。

Contents

300 RMB NICE BUY

葡萄酒的种类 》》

葡萄酒在中国，
常常被人以"红酒"来称呼，
这种错误的词汇流行到大街小巷，
大概有八成的人会将两者划上等号。

　　然而，葡萄酒的家族其实很庞大，简而言之，用葡萄发酵酿制出、含酒精的饮料方能称作葡萄酒，因此那种添加色素、酒精以及人工化学品，却见不到葡萄痕迹的东西，不是葡萄酒。

　　做个大分类，常见的葡萄酒可以分为红葡萄酒、白葡萄酒和气泡酒。就视觉上来分别它们并不难，红葡萄酒、白葡萄酒的颜色一眼就看得出来；至于气泡酒，不单是倒进酒杯时看得见、喝得到气泡，而且它们的瓶子也相当特别，瓶身比一般的红白葡萄酒瓶来得"肥胖"，封瓶的软木塞像个蘑菇，因此也能一眼认出。

　　红、白葡萄酒的酿制工艺都要经过发酵，第一次酒精发酵后，我们有了葡萄酒。一般来说酿制红葡萄酒要比酿白葡萄酒程序更多，更费劲些。但两者的主要差别在于红葡萄酒的红色来自于葡萄皮的色素，也因此，酿制红葡萄酒的葡萄颜色都深，从紫红到蓝黑，而白葡萄酒的葡萄品种色浅，呈浅绿、金黄。

　　那么红葡萄可以酿制白葡萄酒吗？答案是，可以！

　　最常见的例子为香槟。香槟色泽金黄，然而里头常有黑皮诺，黑皮诺被归类为红葡萄，比如说法国勃艮地的红葡萄酒就是由它挑大梁。那为何有红葡萄酿出的酒却没有红葡萄酒的颜色？这就是酿制工艺的巧妙之处。色素存在于葡萄皮中，因此如果葡萄皮和葡萄汁接触时间很短，在色素溶解到葡萄汁之前分离两者的话，那么葡萄汁就不会染上颜色。至于色泽诱人的玫瑰红，就是让葡萄汁和葡萄皮有了短暂但足够的亲密接触后所产生的。

说到香槟，这种葡萄酒就属于我们先前大分类中的第三类"气泡酒"。气泡酒又可分为好几种，最费事费时的乃是以"香槟法"制造的气泡酒，是指在瓶中再度进行发酵，酵母吃了糖分以后会转换出酒精与二氧化碳，由于这些二氧化碳被锁在瓶中无处可去而溶解在酒中，直到开瓶重见天日，从液体中往外逃离，成为撩人味蕾的小气泡。

Tips

由于法国香槟区的保护政策，因此将"香槟法"更名为"传统法"，尽管仍然是同一种工艺。出了法国，西班牙的卡瓦(Cava)以及意大利的法兰巧柯达(Franciacorta)也是以传统法制造的气泡酒，但相对于香槟，要便宜得多，可谓物美价廉。如果想试试不昂贵的气泡酒，你现在知道到哪里找了。

葡萄酒界的专业人士 »

葡萄酒界中有许多角色，
目前在中国常听到的有侍酒师、品酒师，
然而酿制过程中还有更多的幕后英雄，
让我们来认识一下吧。

首先，从葡萄园讲起，**葡萄园园丁长**（Chef de culture）就是最重要的一个。

他一年四季看守葡萄园，不论严寒或炎夏，天天在外奔波。光是冬季的剪枝就已经相当辛苦，偏偏许多葡萄藤又矮，一整天弯着腰，其中的辛苦一言难尽。加上得时常观察是否有病虫害，因此酒庄里随时待命的人就是他。一整年的辛勤耕耘，为的就是能产出最棒的葡萄，有了高质量的葡萄才能有好的葡萄酒，这个道理相信大家都懂。然而，这也是最看老天眼色的人，若是该艳阳高照的时候下大雨，那么就算再能干的园丁，也只能徒然叹气。那些小一点的酒庄，园丁通常也是庄主本人。

当收成后，葡萄的命运就交到了酿酒师的手里。**酿酒师**（Œnologue），也就是人称Winemaker的人物。酿酒师决定葡萄摘采的日期，在整个环节中相当关键，拿到了什么样的葡萄，如何处理，就看他了。在一个困难的年份，我们特别能看出酿酒师的功力。他们的味蕾也决定了酒的味道，当然，不是所有的酿酒师都味蕾非凡，因此成功的酿酒师宛如明星。这份工作的经验多寡非常重要，因为葡萄每年只有一次的收成，一个酿酒师一生中顶多经历三四十次，因此许多酿酒师会去南北半球不同的酒庄（两边采收刚好错开），以增加经验。

　　到消费者手上之前，葡萄酒还有段旅程。其中有酒商、进口商。这两个人物虽然在制作上没有贡献，但没功劳也有苦劳。对消费者来说，一个好的酒商及进口商最大的任务，是在运输上、保存上确保葡萄酒的质量。没人想在开瓶时喝到一瓶变质的酒，此时心疼的不只有消费者，酒庄也会特别难过，因为这有损形象，甚至导致消费者从此不再喝他们的酒。

　　上餐厅时，专业协助点酒的人被称为**侍酒师**（Sommelier）。这在中国是个逐渐走红的职业，然而不是所有为你开瓶端酒的人都能有此头衔，也非念几堂课拿个证书那么简单。一个侍酒师的基本条件，除了能正确地侍酒，还要有丰富的酒类知识，否则面对客人的问题无法回答。这不是几天就能修炼出来的，需要长时间的学习以及丰富的工作经验。说到底，一个成功的侍酒师，应该是善于和客人沟通，能给出好的建议，并且happy to serve，让客人觉得如沐春风，享受一顿美好的晚餐。

　　我常常被人介绍成品酒师，这个说法有点笼统模糊，因此在这里厘清一下，谈谈和品酒相关的角色。

　　葡萄酒培训师（Wine Educator），这也是流行中国的行业。因为不懂酒的消费者众多，因此衍生出这一行。培训师的任务主要在于教育、传播葡萄酒知识，将葡萄酒普及化的功臣便是他们。但要成为他人老师之前所要下的功夫可不少，否则一问就倒。正如同学习任何一门技艺，跟对了老师，不仅学习速度快，而且学得扎实。

酒评人（Wine Critic），这专业在葡萄酒界非常受人尊敬，也最令酒庄和酒商们敬畏。他们给出的评论可以叫一个酒庄成名，也可以让它关门。论喝过酒的种类和样数，要数酒评人最多，因为他们的任务就是替消费者把关，当然得先喝上一大轮，因此经验与好的味蕾是成为一个酒评人的基本条件。酒评一定是主观的，因为品尝是一种感受，每个人各不相同，即使同一个人，在不同时期也会有变化。但酒评必须要中立才有可信度，否则拿人手短。此外，每个酒评人术业有专攻，各有自己擅长的酒区，因此看酒评时，不妨先了解一下。

常用名词解释

地话	Terroir
软木塞	Cork
橡木桶	Barrel
年份	Vintage
醒酒	Decant
盲品	Blind Tasting
老世界 新世界	Old & New World

▶ 地话

Terroir是一个法文单词，近年来在葡萄酒世界里成为一种特有的符号。

法文里，terre指的是土地，加了定冠词又大写的La Terre指的是地球。在酒的世界里，Terroir原本为土地和大自然所要表现的意义，如同大地所要说的话（而且发音近原文，因此我翻译为"地话"）。然而，地话不单是土壤本身、微气候，还包括了土壤中的微生物族群，甚至涵盖了葡萄农们以及酿酒师的行动。

▶ 软木塞

一瓶好的葡萄酒需要好的软木塞来做瓶塞，否则感染上不好的味道，喝酒的心情马上跌停板，尤其是面对一瓶得来不易的好酒时。我看过许多庄主对着变味的酒直摇头，恨恨地看着湿透了的软木塞。

小小的软木塞却很有来历：采收后的橡木皮要先经过至少六个月的″户外锻炼″，晒干后的树皮以沸水煮60到90分钟杀菌，之后切割成长条，送进模器切割（高质量的软木塞是人工一个个钻出来的）。第一次筛选后，经热气烘干、磨光表面、裁长短，然后用净水加双氧水洗净杀菌（洗的时间越长，橡木塞就越白）。之后烘干，第二次用计算机扫描再分类，放置一晚，让软木塞里外都晾干，才能出厂。

一个好的软木塞，最重要的是要有弹性、延展性和压缩性。下次开瓶后，不妨好好瞧瞧手里的软木塞是否合格。

Tips

开瓶后，软木塞除了能告诉你酒质是否有变化，同时也能暗示酒的价值，因为通常越是好酒，用的软木塞质量也就越上等。

▶ 橡木桶

橡木桶乃葡萄酒酿造工艺中至关紧要的一环，发酵、陈酿都可能用到它，尤其是红葡萄酒。

做一个橡木桶其实相当麻烦，首先得将树条置于户外约一年半到三年不等。收到木条后筛选一组合适的木条（紧密度不够的木桶可是会漏酒的），然后卡在一个圆状铁环内，边摆边敲，在外围先浇水，然后为了使木条弯曲，还得火烤。之后架上铁环，成型后再次火烤。最关键的步骤便在此时，熏烤的强弱、时间长短会带给葡萄酒不同的香味，像香草咖啡、椰子杏仁、烤面包等，而这个阶段也是整个制造过程中最辛苦的部分。

烤好的橡木桶，得选一个最适合的木条来钻洞，再加上顶和底两块圆形木板，通过测试，灌入热水、加压，观察是否漏水。最后由机器刨光表面包装后，才能出厂为各大葡萄美酒效劳。

Tips

几乎全世界最顶级的酒庄都指定法国制的橡木桶，它的售价也是最高的。因此当酒庄声明他们使用法国橡木桶时，其实也暗示着:我们的酒成本高、质量好。

▶ 年份

年份指的是葡萄收成的那一年。由于南北半球的季节颠倒，因此对北半球来说，一款在2010年秋天收成的葡萄酒所关心的生长季乃是2010年，而南半球则于三四月收获，因此要注意的天气状况是从2009至2010年。

人们常以好坏来区分年份，对于俗称的"坏年份"，我觉得更恰当的说法应该是"困难的年份"。因为天气状况导致收成、酿酒的困难度增加。其实，在一切顺利的状况下，酿出好酒并不难，在恶劣的状况下才难，方能看出一家酒庄的操守以及酿酒师的功力。所以每当我在拜访酒庄时，都会要求品尝一瓶诞生于hard year的葡萄酒，来认识这酒庄的真面目。

葡萄酒有它的尖峰期，也有睡眠期，一瓶经典的葡萄酒若在它意识不清的状况下开来喝，是不会引起什么震撼感的，而且要后悔两次，一次是现在扼腕它还没发育完成，一次是错过它数年后熟成的好滋味。所以说，葡萄酒好不好喝和指南上的年份表并非绝对论，而是相对论。

Tips

葡萄熟了才好吃，大家都同意，喝葡萄酒时也不能忽略这个关键点。因此家里不妨备上不同年份的葡萄酒，有些早点熟成的酒能让我们在等待好酒时解解渴。一味地只收藏超级年份的名庄酒，不是虐待自己(只能看不可喝)，就是糟蹋酒(开得太早)。

▶ 醒酒

　　所谓醒酒，指的是经由和空气接触来唤醒葡萄酒。醒酒时间的长短则跟酒本身的体质有关，单宁越坚挺、酒体越扎实的年轻红葡萄酒所需时间越长。老的红葡萄酒也需要醒酒器来协助隔离酒渣，不过进醒酒器的时间不能过长。一般说来，白葡萄酒不需要醒酒，但经过橡木桶的顶级勃艮地白葡萄酒以及甜白酒（如贵腐甜酒），都能因为醒酒而表现得更精彩。

Tips 如果一款酒单宁很硬、很多，香气很封闭，酒体也不开，给人以拒人千里之外的感觉，那这款酒要更长时间才醒得过来。

▶ 盲品

　　所谓的盲品，其实就是让喝酒的人看不见酒标、不因先入为主的品牌或年份效应而影响判断。为了达到最大程度的公平，盲品喝酒，几乎是唯一的方法。在这种情况下，想偏袒哪一款酒都不可能，除非有透视眼、有世界品酒师的冠军嘴。我很喜欢让自己盲品葡萄酒，除了在品评上保持一种不被影响的状态之外，也是训练自己的嗅觉、味蕾和记忆的绝佳方法。

Tips 有种黑色的酒杯就是为了盲品而设计的。据说许多专家会连红葡萄酒还是白葡萄酒都搞不清楚，可见视觉的影响有多大。

▶ 老世界 新世界

　　葡萄酒界将酿酒地区简化成两大板块——老世界和新世界。老世界泛指欧洲，而非老世界的就是新世界了。

　　新世界的酿酒史要比老世界来得短。老世界大多注重传统，酿酒人也多半世代相传，许多人甚至根本没念过酿酒学，纯粹是代代相传的手艺和经验。年轻的一代则有机会到专业学校，甚至到海外见习，这为老世界注入了新能源。新世界的酿酒师则大多从学校起家，因没有祖辈的经验累积，得靠自己摸索，但束缚也相对比较少，自由创作的机会大。

　　老世界的传统在于：葡萄酒是为了搭配当地食物，因此有着明显的地区性风格，这些为了配菜的酒，不见得能在单独品尝时攫取人心，却很本份地扮演着葡萄酒原有的角色——搭配食物。相反地，新世界没有历史背景深厚和代代相传的传统美食，因此口味上没有食物的牵制，纯粹为了讨好味蕾而酿制，故常能在单品时即讨人欢心。

Tips

到欧洲旅行时，喝喝当地的葡萄酒吧，它们是为了当地的菜肴而诞生的。你会很意外，一款非常便宜的餐桌酒竟能让晚餐如此美妙。

>> 葡萄酒地图

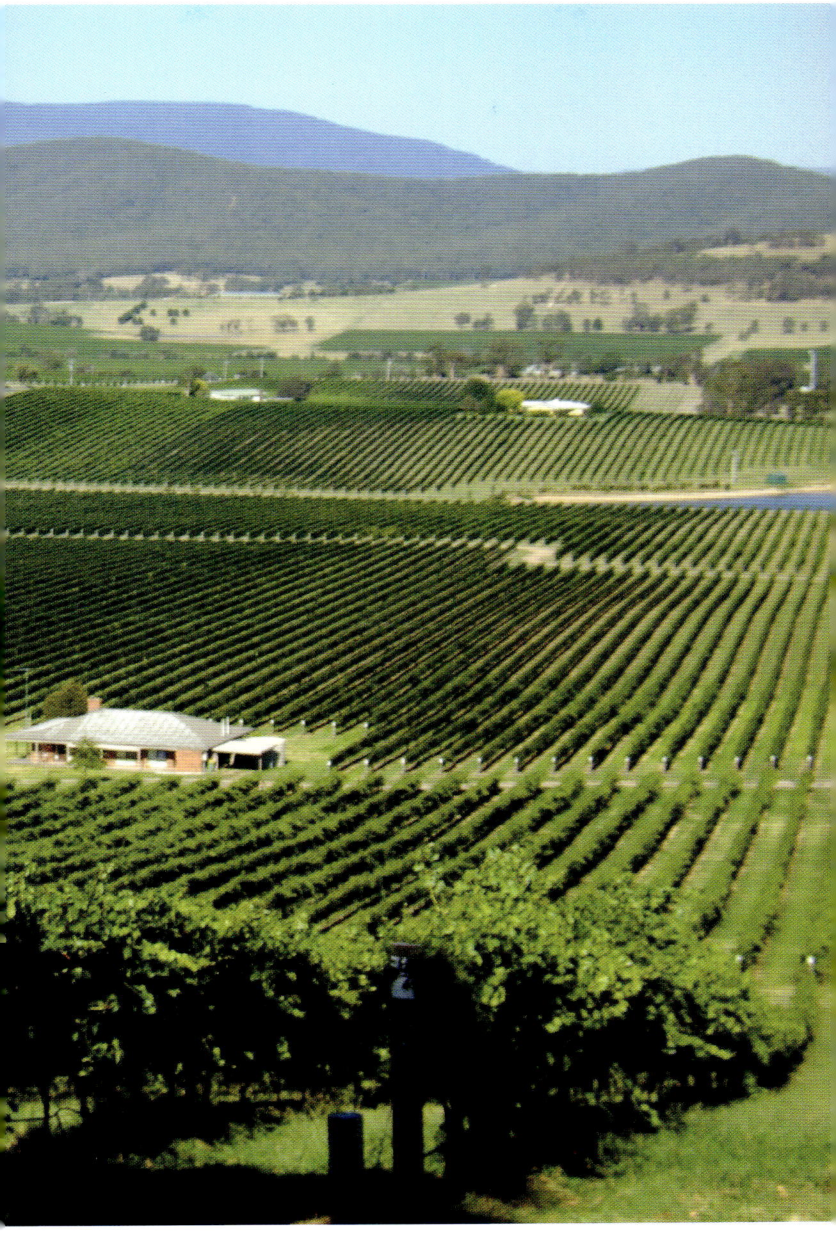

● **美国**

美国酒自从三十多年前在一场跨国盲品中打败法国酒后，一路平步青云。年年有新酒厂落成，葡萄酒的发展相当蓬勃。

● **法国**

法国，无疑是葡萄酒地图上最耀眼的一个产酒国，无论是在质量上、种类上，法国酒都有着足以自傲的本钱。

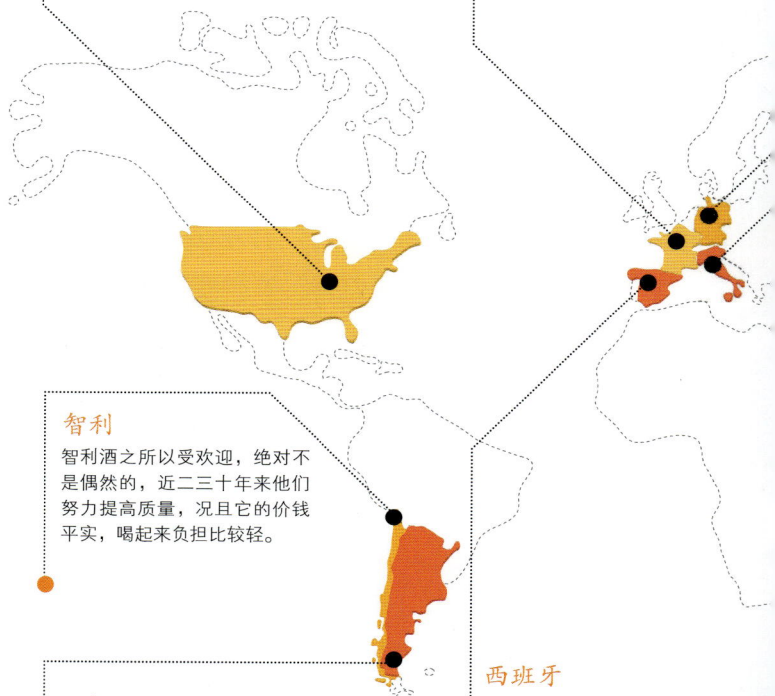

智利

智利酒之所以受欢迎，绝对不是偶然的，近二三十年来他们努力提高质量，况且它的价钱平实，喝起来负担比较轻。

阿根廷

阿根廷本身就是个酒消费大国，加上国情的关系，外销酒量少。几个不错的酒庄现已进口中国，尝尝南美的另一种风情，何乐不为？

西班牙

这个来自南欧的酒其实很有劲，而且近来势头看俏，原因在于质量有着惊人的进步。如果想不花大钱喝个欧洲酒，那么可以考虑西班牙。

● 德国

德国因为地理位置偏北、气候寒冷的关系，所以适合某些白葡萄的生长，丽丝玲(Riesling)这个品种表现得异常精彩。

意大利

酿酒鼻祖国之一的意大利，也是最具挑战性的产酒国。从南到北，意大利没有一个地方没有葡萄酒，也正因如此，消费者的选择更广、更多。

中国

据统计，中国已成为世界产酒国的前五名，近五年来，一些小酒庄开始审起，作为中国的消费者，我们非常乐意看见更多有世界水平的"中国制造"。

澳大利亚

这个自成一国的大陆，有着多样化的地理条件与气候，他们在中国的风头很健，市场份额直追法国酒，许多刚入门酒友的初恋就是澳洲酒。

新西兰

这个岛国上有些很不错的葡萄酒，想试试不同风味的黑皮诺，不妨来试试南半球的新西兰。

逛酒区 》》

如果我不在喝酒，
便在往喝酒的路上……

　　第一次出国，是在大学三年级。我背着比人还高的大背包，到欧洲自助旅行。从此喜欢上这种探索世界的感觉。本来是为了玩、为了吃、为了文化旅行而接触到葡萄酒，现在反倒是为了葡萄酒而旅行。没辙，不能把葡萄园搬家，只好我出发。

　　"如果我不在喝酒，便在往喝酒的路上"。几个朋友这么说我，虽然有些夸张，不过也离事实不远。碰到几个葡萄酒发烧友，觉得这样的生活令人羡慕，于是让我写写经验，希望也能用得上。

逛哪里

　　我去了四十几个国家，其中为了葡萄酒去的有十几个。这些产酒国都各有特色，我都很享受。真要问去哪里，我想前提应该是你平常最喜欢哪种葡萄酒，就去哪个产酒区，实地看看那儿的风景、见见酒标后的那个人，相信从此你对那款酒的感觉会更亲近。

　　我把每个国家的几个重点产区列在后面，大家可以挑选自己心仪的国家和产区。

行程表

　　行程表很重要。我建议不要贪心，一次走一个国家的一个产区就够了，因为每个产区都有好多酒庄可以试酒。十天游欧洲列国的结果就是花费既昂贵，大部分时间又浪费在路上，每个景点都只是走马观花，下来拍个照而已。

　　专注认识某个产区，除了能深入大街小巷、当地文化，还能培养出"特异功能"。因为喝到某种程度之后，对这个产区的特色自然能留下深刻印象，日后很容易认出这个酒区的葡萄酒（这也是我盲品时常猜对的独门功夫）。

　　再者，要根据自己的能力来安排参观的酒庄数，不习惯的人可以早上一个、下午一个。我通常会安排四五个酒庄，每个酒庄起码待个两小时。这样既能参观酒厂，又能到葡萄园里看看，当然，还得品些好酒。

　　除了安排酒庄，挑好餐厅也重要，大部分的好餐厅得预先订位，况且酒区里的餐厅不多，而且好餐厅的酒单上有很多酒庄也喝不到的宝贝。此外，在当地怎么说价钱都划算。

Tips　　许多酒庄，尤其是名庄，只接受预约后方能进大门，因此若是莽撞地冲过去，极有可能吃个闭门羹。

准备行李

准备一个空箱子吧。很少有人到了酒区逛还空手回家的！

至于衣物呢，我通常会带上两双鞋，一双用来跑葡萄园，一双上餐厅穿。要知道穿着高跟鞋走葡萄园困难度很高，而且在酒窖里有危险（毕竟是个工厂）。衣服的话，我会带件毛衣，就算在夏天，因为酒窖里，尤其是地下的酒窖又湿又冷，而且有些产区的日夜温差大，这时毛衣显得特别体贴。除此之外，也带套正装，也许说不准让庄主请了吃晚饭。说到这里，我也会建议买些有中国风味的小东西，如果碰上了大方的庄主、感觉特别好的葡萄农，小礼物能传达你的情意。

Tips

颜色深的衣服比较合适品酒用，因为红酒渍难处理，再者，回程时这些衣服可以拿来包裹保护葡萄酒，如果不慎有酒外泄或瓶破的惨况，深色衣物的回救率还是比较高的。

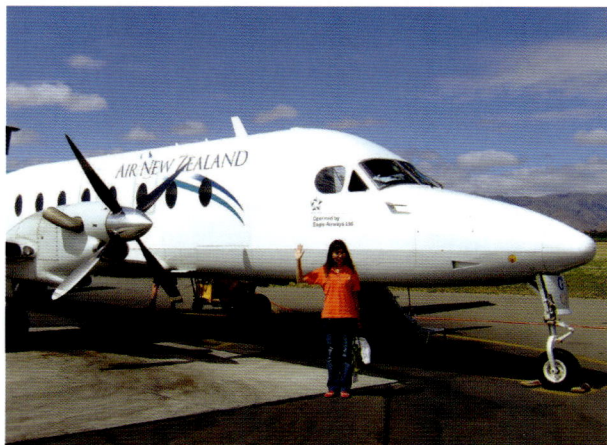

到当地的细节

　　酒区通常都不在城市里，而且酒庄与酒庄之间常有段距离，自驾是一种方案，但这也意味其中一人全程不能喝酒。如果全车人都冲着葡萄酒去，那么我想还是租台有人代驾的车比较靠谱。首先，不危险（你不危险、他人也安全），其次，这些当地租车公司的师傅路熟，省了你拿着地图或对着GPS找路，省时又省心。

　　到国外旅行，不管语言行不行，都还是小心一点的好。而自身的言行举止也会被外人概论化，中国人的形象，就靠大家维护。千万不要以为别人听不懂中文，心想反正没人知道，近年来因为中国市场火热，许多老外都能说中文了！

回家的功课

　　第一件事，把酒赶快拿进酒窖（或酒柜）里，然后一定得控制自己，起码一星期内（实在忍不住的话也请等个三天）不要开瓶。因为经过长途旅行，大部分的葡萄酒也会疲劳、有时差，喝起来酒体会有平扁、果味低、不在状况的那种疲乏感。

　　等酒熟成的时候，把照片整理整理，品酒笔记整理整理，然后期待下一次的旅行吧！

力士金庄园（Château Lascombes）

勃艮地的葡萄园

France

葡萄酒地图之

法国

法国酒的深奥让酒迷们乐此不疲，
然而复杂的分级制度，
却常常让刚入门的新手晕头转向。

法国并不只有天价的名庄酒，也并非所有的法国酒都高
人一等，其实他们有着许多可口、平价的葡萄酒等待发现。

大多数的人都是从波尔多的葡萄酒喝起，它名气大、

阿尔萨斯的餐馆

产量大，营销网遍布全球，因此很容易找到。然而法国并非只有波尔多产葡萄酒，著名的香槟（Champagne）——这种与欢乐成为同义词的气泡葡萄酒，也在法国。邻近德国的阿尔萨斯（Alsace）则有许多可人的白葡萄酒，产量的九成都是，因此这儿也是白葡萄酒的王国。

喜欢口味重一点的人，千万别错过隆河谷（Vallée du Rhône），那儿的红葡萄酒其实蛮适合搭配口味重的中国菜。有许多城堡的罗亚尔河区（Vallée de la Loire）则以清新度高的白葡萄酒为特色。一圈下来，法国酒的经典——勃艮地（Bourgogne）则是另一个极致。那儿的红白葡萄酒皆闻名全球，也是酒迷们的终极酒区，许多人从波尔多喝起、以勃艮地结尾，而且一喝到勃艮地，从此深陷其中。

逛酒区

如果抛开葡萄酒，以风光和文化来选择的话，那么阿尔萨斯应该是首选。

那里的风景宛如一张张风景明信片。我第一次到阿尔萨斯的时候，几乎不能相信这童话般的世界真的存在！家家户户的窗沿上挂着一簇簇的鲜花，色彩缤纷的木房子像极了糖果屋，有些民宅的屋顶上还摆着鸟巢，季节对的时候，有成群的送子鸟聚集在上。小镇外围绕着秀丽的葡萄园，一种恬静、与世无争的感觉在小巷子里暖暖地流动着。阿尔萨斯的居民们亲切、有礼，菜肴端出来的份量让人觉得慷慨。这个地方和其他的酒区非常不同、很有人情味。在这儿能感觉到传统的美好、人与人之间单纯的美好。

如果是为了葡萄酒而来，那么波尔多与勃艮地必定是要走一趟的。

勃艮地是农民作风，波尔多的城堡则和想象中的皇家法兰西很贴合。这两个酒区的酒庄比较大牌，不像其他产区可以随到随按门铃喝上一杯，必须要先约好，尤其是那些名庄。如果时间不很充裕，那么到香槟区去吧，从巴黎坐高铁只要一小时便能到香槟区的首府兰斯（Reims）。香槟宝藏都在脚底下，他们的酒窖又深又大，壮观到以为进入了一个地底世界！此外，香槟的制造工艺也很独到，值得走一趟。

至于想顺便看看薰衣草和地中海的，那么二话不说，直接到隆河谷地去吧，从法国里昂（Lyon）往马赛（Marseille）开，一路上好酒不断，还会经过普罗望斯，更适合度蜜月的美酒行。

威登庄园（Château Vieux Certan）

圣吉米尼亚诺（San Gimignano）

葡萄酒地图 之

意大利

意大利是我个人最心动的产酒国，
原因单纯，
那里除了吃的好、喝的好之外，
意大利人特懂得享受"慢生活"。

　　如果喝够了法国酒，不如来试试意大利，如果你有毅力每种酒都尝上一尝的话，我相信你可以喝上好几年都不会重复。

　　在产量上，意大利和法国每年互相较劲、争第一。然而在品种多样化上，意大利则稳坐冠军。从北到南，意大利的几个知名产区包括皮埃蒙特（Piemonte）、维纳图（Veneto）、弗留利（Friuli）等等。往中部移动，最受人欢迎、最引发度假情怀的首推托斯卡纳（Toscana），再往南走，过个海，便来到了西西里岛（Sicilia）。这个小岛面积不大但千万小看不得，他们的产量占意大利前三名。就质量而言，意大利最顶尖的酒区可能还是皮埃蒙特以及托斯卡

托斯卡纳

纳。不过话说回来，整个意大利都有着许多价廉物美的好酒，尤其是能与食物搭配的、不摆架子的佐餐酒。

逛酒区

如果从没到过意大利，那么托斯卡纳必定是首选，那里的风情其实也不用多宣传，否则不会有如此多的电影以那儿做场景。托斯卡纳的首府翡冷翠（Firenze，徐志摩翻译得好），也是个风情万种的城市，如果喜欢文艺复兴的文化，那么你可能需要多请几天假，这里的每个巷口转弯，都那么的艺术。我则对威尼斯情有独钟、不能自拔，

威尼斯

意大利北部的气泡酒厂，不忘艺术

这座独一无二的都市我已经逛了五趟，而每回都让我流连忘返。一座架在水面上的城市很另类，它的文化底蕴更是了得，而这些，你得走进建筑物后的大院里才看得见。由于维纳图这一区挨着威尼斯，因此也是个很好逛的酒区。

如果想疯狂点，那么西西里岛也不错，岛不大，但上面有个活火山，火山脚下有人酿酒，够疯的西西里人不是只出产黑手党的。

若你是对酒很讲究的人，那么，直接飞到皮埃蒙特的首府都灵（Torino），他们说那儿是意大利的勃艮地，间接地告诉你他们在葡萄酒世界的地位。况且，那儿产着白松露，只要是讲究吃的人，那可是一生起码要尝一次的小蘑菇。

身为酒痴，我的梦想就是在意大利住上两年，每两三个月换个产区，从北喝到南，把意大利的生活从头到尾、慢慢尝一遍。

葡萄酒地图之

西班牙

有人美誉西班牙酒为
"装在瓶子里的阳光"，
对于常年生活在寒冷气候的北方人来说，
这南欧酒的确很有吸引力。

也许国内熟悉它的人不多，但西班牙酒的种类其实不少，而且有着自己的本土品种。单单这一点，我就觉得它有亮点，想尝尝其他口味的酒友，也会同意我的看法。

马德里的一家餐馆，挂着他们引以为傲的斗牛

　　名气比较大的首推里奥哈（Rioja），这个产区曾经在波尔多受到蚜虫害时效过力，当时法国的葡萄园饱受摧残而大量缺酒。里奥哈不仅是西班牙酒界的龙头，也是西班牙仅有的两个DOCa中的一个，也是第一个。不过，近年来特别看俏的则是它的邻居——杜罗河岸（Ribera del Duero），这个产区走的是现代路线，也比较国际化。另一个上升的新兴产区则为西班牙东部的普里奥拉（Priorat），酒质浓郁有劲，后两个产区近年来深受新世界酒评家们的追捧，出了不少所谓的膜拜酒（Cult Wine）。正是托了后两者的高曝光度，西班牙的葡萄酒终于有了自己的天空。

　　南部的雪莉酒（Sherry）、气泡酒（Cava），也有自己的一票粉丝。尤其是雪莉酒，历史相当悠久，早年受到英国人的捧场，行销全球。然而西班牙的气泡酒相对知名度低，但这种以传统法（也就是和香槟一样的制作）的气泡酒在产量上而言，西班牙可是领头羊。当然，白酒产区卢埃达（Rueda）以及刚烈的红酒产区托罗（Toro）也不好忽略。西班牙的葡萄园面积，乃全球第一，而最大的产区则落在拉曼恰（La Mancha）。

逛酒区

　　如果喜欢城市的人，可以考虑到巴塞隆纳

（Barcelona），这个城市附近有两个很不错的酒区，佩内德斯（Penedès）以及西班牙第二个DOCa产区的普里奥拉。所以既能将西班牙的艺术逛一圈，同时也能喝上一些风格鲜明的葡萄酒。再加上那里有着许多星级大厨，烧得一手好菜，因此逛这里，肯定是个到位的美酒美食之旅。

　　如果纯找风景、想体验想象中那种很西班牙的感觉，那么南部的雪莉酒区便很适合。白墙、花中庭、艳阳、弗朗明戈舞，这些都属于安达卢西亚（Andalucia），到了这儿，能理解生活其实可以更慢、日子的速度是跟着太阳的韵律走。当然，如果是为了好酒，那么就得往北移，不管是里奥哈或杜罗河岸，都在马德里以北。

　　到了西班牙，别错过西班牙的小吃（Tapas）。记得别把行程排得太满，尤其午饭过后，先休息休息，因为在西班牙，午睡可是件大事。为什么午睡重要？因为西班牙人喜欢夜生活，晚饭九点才开始，吃完晚饭出去和朋友聚的时候都已经半夜，回到家则已经凌晨两三点了……

经典产区里奥哈（Rioja）

300 | RMB NICE BUY

Germany

葡萄酒地图之

德国

提起德国，
总是让人联想到白葡萄酒，
这个做事有条理的民族酿出的酒，
也相当有原则。

德国酒在中国的份额并不高，不过，德国酒的产量本来也就少，加上他们很爱国、非常支持自己的葡萄酒，所以在海外的能见度偏低。

　　德国的纬度高，气候寒冷，是酿酒葡萄的生长临界线，因此葡萄的品种多为白葡萄，而且成熟度较低，酸度因此相对高。我记得上回从意大利飞到德国时，仅仅一小时的航程，从一片绿意盎然的意大利飞到德国时，看见那儿仍覆盖在白雪之下。

　　莱茵河是德国的动脉，它从南往北流，但在莱茵高（Rheingau）这里成了东西走向，此时面南的坡地，也就是河右岸，受到更多的日照，成为优秀的产区。除了名声响亮的莱茵高，莫泽尔（Mosel）、那赫（Nahe）、莱茵黑森（Rheinhessen）以及巴登（Baden）都是许多德国葡萄酒饮家所熟悉的名字。当然，德国也有些不错的气泡酒，以及黑皮诺，巴登和阿尔（Ahr）就是黑皮诺产区。

　　唯一让人容易头疼的可能就是德文很长，所以看酒标的时候，特别容易眼花。

逛酒区

　　德国的葡萄园常常分布在陡峭的山坡上，沿着河，一路蜿蜒，葡萄乡的小镇又很迷你，走在这里，十分恬静。
如果选在收成季节来，那一坡坡的色彩很难让人不醉。莱
茵高和莫泽尔，这两个酒区都是蛮好的选择，因为这里的
好酒庄集中度高些。记得到了德国要试试他们的气泡酒
（Sket），他们用的是香槟区传统瓶中发酵法。也许你不
知道，德国人非常喜欢喝气泡酒，每年每人平均喝掉5公
升，全世界第一。

　　去德国逛酒区，可能是整个欧洲国家里最容易的，因为
德国人的英文水平普遍来说不错，语言上没有到法国、意大
利或西班牙那样有障碍。

葡萄酒地图之

美国

这个国家的自由风气、研究精神，
也在葡萄酒中体现出来。
提到新世界的葡萄酒，
美国常常排第一位。

　　一般说来，美国酒甜度明显、果味丰富而且酒体强壮，
但近几年，美国酒有往古典的路子上走的趋势，原本号称
"水果炸弹"的葡萄酒也开始内敛起来。

　　提到美国酒，大家可能第一个想到的就是纳帕谷
（Napa Valley），纳帕谷其实只占整个加州酒产量的5%，
但由于闻名全球的酒庄大多集中在那儿，其中包括了几
家膜拜酒，加上1976年的那场盲品会大胜法国酒，因此纳
帕的名气已经和波尔多平起平坐了。就在它的西边，是
索诺玛（Sonoma），这两个酒区的性格差异颇大，尽管
相隔不远。有人这样比喻，说纳帕谷是美国的波尔多，而
索诺玛则是勃艮地。两个酒区是美国酒产业的大梁，然而
整个加州酒一共有九十几个AVA，其他的产区如卡内罗斯
（Carneros）、圣塔芭芭拉（Santa Barbara）、巴索罗布斯
（Paso Robles）、曼多奇诺（Mendocino），以及面积最大的

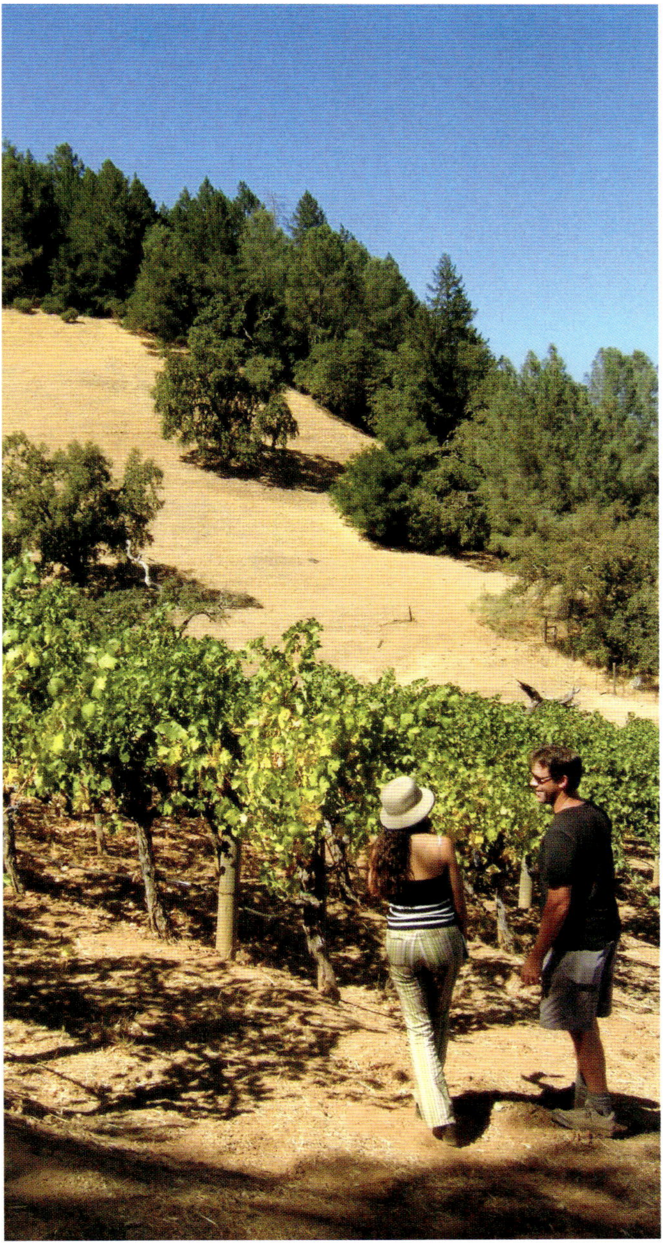

纳帕谷的酒窖

中央海岸（Central Coast）等等。

出了号称为水果天堂的加州，往北的奥瑞冈（Oregon）也独树一格，不少的好黑皮诺便产于此。再往北则是名气稍弱的华盛顿州产区（Washington）。

逛酒区

美国境内做得最好、规划最完善的酒区毫无疑问是纳帕谷，据估计，每年到纳帕谷的喝酒游客和迪斯尼乐园不相上下。一方面拜地理位置所赐（从旧金山到纳帕车程近），另一方面所有的设施，比如说旅馆资源、酒庄接待等等都非常商业化、有组织，旧金山的旅行社每天有品酒团出发。如果是自己开车逛，只要花几块美金就能喝到各酒厂提供的品酒套餐。而且许多大酒庄皆分布在两条主要快速道路上，一左一右，十分好找。

索诺玛刚好相反，它的地势不像纳帕谷那样平坦，这里的地形多小丘，葡萄园在乡间小道里蜿蜒着，还有几个可爱的小镇点缀其间，说实话，我更喜欢在这一区逛。

如果够闲，最好能住上几晚，不少酒店围绕着葡萄酒的主题作文章，像是葡萄Spa这一类的享受，也有好些很大的高尔夫场可以让人在品酒后去伸展伸展。此外，纳帕谷的餐饮还是可以的，尽管美国不以精致美食闻名，但在这样有全世界酒饕聚集的地方，好餐厅还是不能少的。喔，提醒一句，有些葡萄园里有响尾蛇，所以参观酒庄时建议穿长裤和包脚的鞋比较安全。

葡萄酒地图之

澳大利亚

提到澳洲酒，
让人很自然地想到西拉子(Shiraz)，
虽说这个品种让澳洲成名，
但不代表他们只有西拉子。
事实上，一个大陆似的国家，
酒款不会少的。

澳洲的酒区主要分布在南大陆这一块，最知名的非芭罗萨（Barossa）和库纳瓦拉（Coonawarra）莫属，澳洲的几个顶尖酒庄位于芭罗萨酒区，有人将它和法国的波尔多、美国的纳帕谷平行看待。此外，芭罗萨保有了许多老藤，这也是为何此区能酿出许多浓郁有劲酒体的秘密之一。同样位于澳洲南部的维多利亚州（Victoria）则有个亚拉谷（Yarra Valley），如果再往南、过海，对面的塔斯马尼亚岛

芭罗萨葡萄园

RMB NICE BUY

300

（Tasmania）近年来也崭露头角，由于那儿比较靠近南极洲，所以气候凉爽，出产些不错的气泡酒以及黑皮诺。

往西走、一路到底，面着印度洋的玛格丽特河区（Margaret River）则很有自己的风格，受到许多酒评人的钟爱。然而最古老的产区则在新南威尔士州（New South Wales）其中的猎人谷（Hunter Valley）。

辽阔的澳洲，理应葡萄酒类型非常多，然而大部分的产量由几大酒厂集团持有，加上精品酒厂作品很少外销（还没出厂就已经被当地人订购完），因此在中国少见个性化的澳洲酒。我几年前有机会到澳洲时，接触到这些值得一试的精品酒庄，希望在中国市场的蓬勃发展下，我们能喝到更多。

逛酒区

澳洲本身就是一个大陆，因此想一网打尽，除非得像我一样，起码停留上一个月，否则就得分成好几次、逐步参观。如果只是偶来一回，那么沾首都悉尼（Sydney）的光，猎人谷可能出入方便些。如果喜欢大海和冲浪，那么可以考虑西澳的玛格丽特河区。

不过，想多了解澳洲酒，又不想东奔西跑的话，那么直接到墨尔本（Melbourne）或阿德莱得（Adelaide）吧。前者可以溜到亚拉谷去，该酒区的观光接待已经成气候，加上离大城不远，因此既能感受城市文化，也能到葡萄园里呼吸新鲜空气。阿德莱得虽然小一点，但离海很近，加上附近的酒区很多，还有大名顶顶的奔富总厂撑腰，故而是酒迷们的第一目的地。

除了葡萄园之外，澳洲也有许多特有的野生动物，袋鼠、无尾熊、海豹，所以说杯酒之余去原野里散散步，让自己偶尔回归一下大自然吧。

澳洲酒厂常将部分器材置于室外

新西兰酒区中奥塔哥（Central Otago）

New Zealand

葡萄酒地图之

新西兰

尽管品种多半为常见的国际品种，
但因为气候及土壤的不同，
因此酿出的葡萄酒很有自己的特色。

在国内喝新西兰酒的机会少，这是由于本身产量不多、人工贵，而且价钱不低，所以进口的新西兰酒相对来说少。

这个国家由两个大岛组成，从北往南，北岛两个主产区分别是吉斯本（Gisborne）和霍克斯湾（Hawke's Bay）。前者以白葡萄酒为主，后者则多产红葡萄酒，尤其是以波尔多品种为主的红葡萄酒是此区的明星产品，尽管如此，新西兰的大部份希哈（Syrah）却来自于霍克斯湾。

过了海峡，便是大名鼎鼎的马尔堡（Marlborough），也是新西兰最为人知的酒区。这里有着他们的旗舰葡萄白苏维农（Sauvignon Blanc，也译为长相思）。继续往南移，便来到了中奥塔哥（Central Otago），这里不仅风景秀丽，同时也是高质量黑皮诺的家乡。

新西兰的葡萄酒业起步相对晚些，而且在营销上不像美国、澳洲这样强势，然而，懂得葡萄酒的人其实很关注这个国家的动态。我相信假以时日，以量少质精为前提的新西兰酒业，会成为葡萄酒世界的下一个明星。

逛酒区

新西兰是个很美的国家，不只是大自然美，人也很善良，是许多亚洲人退休后所向往的生活天堂。在这里逛酒区的时候，我发现羊比人多。新西兰的人口少，所以每个人的空间宽阔，相当舒服。也许正因此，所以人们相处

特别容易、友善。

从北岛到南岛，我搭乘小飞机在酒区之间穿越，特别感到震撼的时候是抵达皇后镇（Queenstown）的刹那，这里的湖光山色绝对不输给瑞士。下飞机后驱车往中奥塔哥区，一路蜿蜒，景色恬静，我都舍不得闭眼休息。当然，这里的黑皮诺也是我不远千里迢迢而行的理由之一。所以说点阅新西兰酒区，力荐到中奥塔哥走一趟。

如果说时间不够长，那么就到首都威灵顿附近的酒区逛逛，那儿多少也能让你感受新西兰特有的魅力。

葡萄酒地图 之

智利

智利是个很苗条的国家，
从沙漠到极地气候，
衍生出各种不同的产区、子产区。
他们所拥有的气候条件，
是许多酿酒人心中的天堂。

六年前我到智利时，几个爱酒的朋友质疑我，为何大老远费劲去参观产廉价酒的国家。六年后的今天，智利酒已经向大家证明了他们的确有潜能。

其实智利除了有物美价廉的葡萄酒之外，他们狭长的国土给与了不同的酿酒环境。从最北边的莉马丽谷（Limari Valley）到南端的南谷（Southern Valleys，其中包含Itata、Biobio、Malleco），整个产区长达1300公里！其中几个代表性酒区:卡萨布兰卡山谷（Casa blanca）所能表现的白葡萄酒、重点产区麦坡谷（Maipo Valley）、以及卡查普谷（Cachapoal Valley）、寇查加谷（Colchagua Valley）等等，后三者皆以红酒著称。再往南走的话便来到库利寇

谷（Curico Valley）和莫莱谷（Maule Valley）。

从这些地名来看，便不难明白智利的酒区多在山群之间，东边的安第斯山脉（Los Andes），也就是中南美洲的脊椎，山上的雪水融化后成了葡萄园的命脉。然而近代史上，将智利酒推向世界舞台的却是欧洲人，许多来自法国名庄的酿酒师在智利找到了新天地，也因此，在智利到处可以看见法国的品种。

逛酒区

由于这个国家的身材，所以想把所有重点酒区逛一圈，路途显得特别长，从一个酒区到另一个酒区，我花了不少的时间在车上。

智利产区的景色变化并不是很大，一路上都有安第斯山脉的陪伴。麦坡谷，由于离首都近，加上许多重要酒厂也在那儿，因此是优先选择。你可以选择白天逛酒庄、晚上回市中心，一旦再往南，最好住在酒区里。我在葡萄园里常看到人骑马，

于是也好奇地试了试，在高大的马上俯瞰葡萄园，那种相当
原始、豪放的氛围，为我的智利之行添了一笔色彩。

如果有机会，应该飞去智利的南端巴塔哥尼亚
（Patagonia），南美洲的最南端便属于智利的国土。壮丽
的冰河，绝美的自然景色，那是智利的另一种面貌。

布宜诺斯艾利斯

Argentina

葡萄酒地图之

阿根廷

阿根廷是我最喜欢的产酒国之一，
那儿的人与文化都非常有意思，
它有着欧洲的影子、拉丁人的性情。

阿根廷和智利接壤，两国之间仅仅一山之隔，但不管在风土、民情或建筑上，都全然迥异，唯一的类似点，可能只有在语言上，两个国家说的都是西班牙语，然而，在口音或有些用词上还是有差异。

阿根廷的灵魂酒区在门多萨（Mendoza），如果从智利首都飞过来只要半小时，比从自家的首都布宜诺斯艾利斯（Buenos Aires）还近。阿根廷70%的葡萄园都在此区，因此人们常常将阿根廷葡萄酒直接挂在门多萨名下。其下有几个子产区，如北、东南、中央区以及悟果谷（Uco Valley）。在中央区的卢汉德库约（Lujan de Cuyo）是当地少有的法定产区之一，几个国际化的大酒庄多选择在此扎营，含金量较其他酒区高。往北的话有圣胡安（San Juan）、拉里奥哈（La Rioja）以及最北的萨尔它（Salta），而往南走的话就是黑河（Rio Negro）。

阿根廷酒业其实相当发达，然而外销量不如智利多，原因在于阿根廷人不只会酿，也很会喝，所以许多葡萄酒都是内销。此外，阿根廷人也是气泡酒的大消费群体，据他们自己说，那是因为拉丁民族爱Party。

逛酒区

门多萨无疑是首选，不仅是产量上、质量上，这里是阿根廷葡萄酒的大本营。由于子酒区之间的分布还是有些距离，因此可以分成南北两块参观。阿根廷的葡萄园也由高山雪水融化成河水为泉源，我为了想瞧一眼这赋予智利与阿根廷葡萄生机的河水，特别上山去泛舟。那河水可真是沁凉入骨，冻得我终身难忘。

贴心提醒，如果去门多萨，选择从智利转机会来得快些。

葡萄酒地图之

中国

> 葡萄酒在中国不算是个生词，
> 不过，成为一个热门词汇，
> 却也不过是近几年的事。
> 然而中国葡萄酒的方向和未来在哪儿？

不论是国有企业、海外华侨投资，或者外国酒庄进军扎营，中国不但大量地喝葡萄酒，也大量地产葡萄酒。如今国内酒厂如雨后春笋般建立，中国企业也开始向外发展，去法国甚至智利购买酒厂。

国内的几个酿酒基地多集中在山东、新疆、宁夏、甘肃、北京近郊、秦皇岛甚至云南等西南地区也纷纷出现葡

位于山东的酒厂葡萄园

一家河北酒庄正在采收葡萄

萄酒厂。许多专家质疑中国是否有酿酒的真命天子，有所谓的地话（Terroir）？！酿酒人在中国各地寻找着这么一块酿酒圣地。然而，葡萄酒是个与时间赛耐力的工程，更是个农业，而且每年只有一获，因此我们得到的反馈并不足以告诉我们，哪里才是中国的葡萄酒天堂。况且，酿酒的事业里，经验与人的技能有着绝对的关系，更深奥的是，好酒的元素中还包括了酿酒人的理念与哲学。

国内许多大品牌在葡萄酒上花了大把的金钱做营销与宣传，试图将葡萄酒与旅游、生活、享乐连接在一起。因此估计在近两年内，国人足不出户，便能和国外一样做葡萄Spa，睡在宛若城堡般的庄园里。

对于质量，让我们期待中国酒也有一天，能让自己骄傲。

品酒那件事 》》

打从拿酒杯那一刻，
内行人就能看出你懂不懂葡萄酒。
所以，我们就从拿杯子开始，
讲讲品酒那件事！

握杯

端上来一杯葡萄酒，该怎么接杯子？

拿杯腿！千万不要拿杯肚，也就是有酒的地方。因为手温会影响酒温，将酒的温度提高，当然，除非你的手很冰，比酒的温度低，不过旁人可不会知道你手温的高低。只有一个例外的情况可以拿葡萄酒的杯肚，那就是酒温过低，比如说刚从冰箱（放菜的冰箱，而非酒柜）里拿出来，一款该在13、14度喝的红酒却冻得只有6度，那么为了要让酒快速恢复过来，可以用双手手掌托着杯肚几分钟。

也可以拿杯底，通常是专业品酒人员为了对着光源观色时会这样拿杯子。不过，拿杯底可不是喝酒，而是品酒，也就是喝一口、涮一涮然后吐掉的那种品酒。

Tips

如果在品酒会上，有酒庄代表来，或者到酒庄参观时品酒，记得先闻闻杯子再把酒倒进去。这个举动会让你看起来无比专业。因为酒杯若不清洁，有异味(比如说刚从纸箱里拿出来，擦拭的抹布不干净，或者有残留的洗洁精等等)，都会将葡萄酒原本的香味给扭曲，严重的时候，会引起错误的判断，而误以为是酒本身有问题。

观色

做人要懂得察言观色，喝葡萄酒也要观色。色泽是年龄的指标，宛如我们眼角的鱼尾纹，一看八九不离十（当然也有人年纪不小但没什么皱纹的）。白葡萄酒酒龄越大，色泽会越见深沉，近琥珀色。而红葡萄酒一旦"上年纪"反而会变浅，往砖红色的方向靠，尤其是酒晕这一块。

啊，什么是酒晕？酒晕同月晕的意思一样，指的是周围一圈，酒晕那一圈也就是最靠近杯壁的地带。酒晕的范围越大、颜色越近砖红、色越浅，通常就是老年份的征兆。当然，有些新世界的葡萄酒因为酸度问题，导致色泽稳定度不够而产生"未老先衰"的状况，会在酒龄还不算大的时候就出现酒晕浅的状况。

色泽也是推敲品种的一个要点。不同的品种会有属于自己的颜色，一个例子：黑皮诺，通常它的色泽呈樱桃红，会比卡本内苏维农来得色浅而透亮。我们观色时看的不只是酒龄和品种，同时也应观察它的清澈度。以现代的工艺来说，要做出一款差劲、有问题的酒还真是不容易，因此问题通常发生在储藏以及运送时。有些葡萄酒因为不做过滤或澄清（或只轻微地做），看起来就不那么清透，但这并不代表酒质差，有些酒庄认为，过滤或澄清会滤掉酒中某些他们认为好的物质。

为他人倒酒，记得不要太小气（但也无需过分大方）。如果是试饮，倒上两三口的量就好，这足以让试酒的人察色、闻香和品酒了；如果倒得太多，比如说超过半杯，那么试酒的人就无法执行他的第一步任务——"摇杯"。

Tips | 理想的观色环境，首先光线要充足，再就是需要找个单纯的背景，而且最好是白底的，比如白桌布或白纸。

摇杯

什么是摇杯？又为什么要摇杯？

摇杯，就是让酒在杯中以360度的方式，顺着一个方向旋转。这样做其实是为了让葡萄酒能和空气共舞，碰撞出更多的香气。所以摇杯的功用，就是为了下一步的闻香。

有人认为，喝老的葡萄酒时不需摇杯，关于这个说法，我不反对也不赞成。有些老酒的确脆弱，不好使劲摇，免得它在数十年的瓶颈生活重见光明后水土不服，但有些老酒还原后的气息比较难闻，摇一下可以散一散。因此，一切都得看情况，比较折衷的办法是轻轻摇一摇。

职业习惯的关系，我经常会在不喝酒的时候也摇杯子，水杯、茶杯、果汁杯，待自己意识到的时候，已经引起隔桌人疑虑的眼光……

Tips

这个动作需要下功夫练习，刚开始不习惯的人可能会引起杯中"海啸"，洒到衣服上。我的方法是，先从桌上开始摇酒杯，摇成韵律很平稳的时候，逐渐将酒杯离桌，慢慢地往空中抬。这个摇杯的技术含量不大，摇个几次就能在品酒会时大摇大摆了。

闻香

这是我最喜欢的一个步骤！

品酒时第一个感官乐趣就在这一步:把鼻子凑近酒杯，专注地闻香。有时候，好像走在春天开满桃花的小路上；有时候又宛如走在秋天的森林里，那种带着枯叶和苔藓、无人问津的潮湿小径里；也有时觉得是经过刚割完草的草地，或者面前摆了一盘的樱桃、树莓、红果子的水果拼盘。此时，不妨让感官旅行，任想象奔腾，因为，我们已经有一只脚踏入了葡萄酒的神奇世界！

这时候，最好知道一些葡萄酒世界里常会提到的形容词，比如说各种花果香、橡木桶、烟熏味等等，那么就能一边喝一边聊酒。如此一来更能和人分享对葡萄酒的感觉，同时也会让老板或顾客对你刮目相看。

闻香时，还有个小小的建议，那就是在摇杯前先闻一下，这叫作初闻（不是初吻）。大部分的葡萄酒在摇杯前和摇杯后有着不同的"体香"，有时一开始的体香反而比后来的好，所以说，没闻就摇杯的话，有可能因此错过了可以引起遐想的香气。至于每回再举杯喝酒时，也可以多闻闻——葡萄酒给人的最大乐趣就是它的变化很多，而且不可捉摸。一顿两三个小时的晚餐（通常是西餐）吃下来，一瓶有深度、复杂的葡萄酒能"变脸"好多回，让人惊喜。

Tips

为了不影响别人，去品酒会或者酒宴时切忌吸烟、洒香水。如果把自己弄得香喷喷还以为很浪漫的话，小心会招来其他爱酒人的白眼……

品味

酒客朋友们最期待的就是此刻了!

这时候总让我想到网上聊天的朋友要见面,不知道想象中的他或她是否和真实的他和她一样?不知道颜色漂亮、体香勾人的它,是否喝起来一样感性、一样令人心情亢奋?

喝一口,不多不少,让酒在嘴里溜一圈(专家品酒的话就会涮上两三圈,有时更多),然后倒吸点空气,让空气和嘴里的酒接触、碰撞,感觉葡萄酒给味蕾的体验,然后缓缓咽下(品酒人此时得吐出来,咽下去就不专业了)。整理一下感官获得的讯息,看一看酒杯,然后评论几句,一道很得体的品酒步骤就完成了。

然而,酒的味道又怎么去分析和把握?

品析基本上可以大致归出几类:酒香类型,酒体轻重,复杂度高低,有无层次感,余味长短,以及是否平衡。此外,还需要判断此酒是该陈年时喝还是该行乐及春。

一款酒好不好怎么喝得出来?这是一门功夫,需要经验累积,没有快捷方式,也就是得喝上不少的酒,而且还不能瞎喝,最好是跟着懂的人喝。就像学琴一样,有个好老师领着,进步快,而且喝得对。

现在你知道喝酒的基本程序了:

握杯,观色,摇杯,闻香,品味。

再下来要做的,就是找瓶葡萄酒,打开来试一下吧。

Tips

专业品酒是不吃东西的,因为食物和葡萄酒会起化学作用,从而影响判断,所以顶多喝喝水、吃点白面包或者没味道的饼干,而且咖啡、辣椒以及重口味的东西都是品酒的大忌,口香糖也是。

如何形容葡萄酒 **»**

有一回，

在意大利采访酒庄的时候，

有人问我，什么是矿物味？

酒里又怎么会有石头的味道呢？

　　许多人告诉我这葡萄酒喝下去，他们只会用两句话来形容——好，或者不好，至于它怎么好法或怎么不好，完全不知道如何去表达，听到专家们滔滔不断的装饰词时不免晕头转向，比如说"这酒的颜色浅金，边缘泛绿，散着袅袅的白花香，像春天有雾的早晨，口感清新，还有一点黑醋栗苞芽的味道"，或者说"这款酒果味丰富，些许的新桶味中带点矿物味的口感，酒体温柔"，什么是黑醋栗芽苞？怎么还提到新桶、矿物？这说的是酒吗？！

　　是的，这些都是葡萄酒界的术语，掌握了这些词汇，你也可以"拟专家"的口吻表达出酒给你的感受。下面是几个常用的词汇，写给大家分享。

清新

这里其实要说的是酸度，所以当你看到酒评家写这酒的清新度高，那么指的是酒的味道，而非酒的温度。

新桶味

这是新的橡木桶的简略说法。许多酒会装进橡木桶发酵、陈酿、贮藏，一个新的橡木桶很容易将其自身的味道浸到酒里，某些国际酒评家特别喜欢这种味道，搞得好长一段时间葡萄酒喝起来像橡木桶汁。然而新橡木桶的成本很高，一个法国制的要六七百欧元，因此有些人为了讨好评论和市场而又不花大钱，干脆把木片丢到酒汁里，甚至直接加香精。

花香

花香是一种泛词，不同品种的葡萄有各自的香味，当我们说白花香的时候，泛指一些色浅的白色花瓣族群，也因此，当专家们想卖弄时，会将白花族中的花一一列举，如忍冬、洋槐、椴树花、橘子花、山楂花等等，事实上，可能闻到的只是其中的一两种，说穿了这只是一种技巧。红酒品评中常会比拟的有紫罗兰、玫瑰、牡丹等等。

果味

白酒品评中常引用的有柑橘、葡萄柚（尤其是皮的部分）、百香果、菠萝、芒果、柠檬、荔枝等等，这些水果我们都熟悉，而评论红酒时，在国际酒评人的笔下常会出现的有覆盆子、黑醋栗、黑茶蔗子、树梅、黑莓、黑樱桃、法国桑葚等等，但到底有多少人知道这些洋水果呢？所以在国内，把水果略分为二——红色和黑色系列的做法用得比较多。

香草香料

这些迷人的味道也是专家喜欢额外添加的词，迷迭香、鼠尾草、百里香、肉桂、香草、茴香、孜然、丁香和黑白胡椒。

再下来是一些业界人士惯用的几个抽象形容词。

矿物味

这个字乃以实来形容虚，最近十多年来才开始流行起来。有位酿酒师曾这样诠释它：Summer rain on a hot stone（洒在发烫石头上的夏日雨水），诗意十足。酒里当然不会真有什么石头，而是葡萄从土壤里所撷取进而演绎出的矿物质感，就是酒喝起来比较清瘦、内敛的那种感觉。有时候有些白酒倒会有煤油灯的那股油味，也有人形容酒有石油味，更有甚者还有人用铺马路的沥青来形容葡萄酒里的味道。

地话

这个法文词含意既广又复杂，如果拿来形容酒时则意为"能表现所在地风格"，表达只可意会不可言传之感。酿酒师们也很喜欢用这词来解释——尤其是当你问到这酒和那酒有何不同，而他又给不出清楚的解释时。

葡萄酒毕竟是种要喝下肚的东西，所以用词时还是要有点分寸，有些人用"猫尿味"来形容白苏维农，尽管那味道极为接近，但太过写实反显得用词粗俗，"黑醋栗苞芽"是国际上通用的替代词，当然，如果不晓得这是什么植物，那么就说是"特殊的植物味"吧。

在所有的品酒笔记里，我觉得法国和意大利的写得最让人嘴馋，虚实形容词交错，极为诗意地营造出一种氛围，却又点到该点的重点，手法极其高明。反观英语作家，相对而言语词上显寒酸，而且相当公式化，酸度多少、酒精度多少什么的，简直像在给葡萄酒写身分证。当然，也有好些一流作家会发明一些句子，让你过目难忘，比如说这酒让我想起"外婆家客厅里的那张地毯"，"老爷爷的烟斗"，"小姑娘手上提的花篮"等等。所以说，形容葡萄酒其实不需要那么一板一眼，懂得专家用的形容词，再加上自己的语言，那么分享心得时肯定更有趣。

　　我常鼓励酒友们多用些中国人熟悉的东西来作比喻，像红枣、酸梅、花椒等等，毕竟如果说了一堆自己都没吃过的东西，谁知道你在说什么呢？！

几种香料对应词

Blackcurrant	黑醋栗
Raspberry	覆盆子
Blackberry	黑莓
Liquorice	甘草
Gooseberry	醋栗
Sage	鼠尾草
Thyme	百里香
Rosemary	迷迭香
Fennel	茴香
Cinnamon	肉桂
Cumin	孜然（安息茴香）
Vanilla	香草
Clove	丁香
Pepper	胡椒

酒杯 »

我家中透明的橱柜里，
展示着七八十个酒杯，
每每让来访的朋友惊呼。

    酒杯，是葡萄酒展现身段的舞台，同一款酒在不同形状的酒杯中会展现出不同的特点，比如说香气、酒精感，入口后也会带来不同的感受。

    除了杯壁的厚薄会带来不同的触感，杯口的弧度和形状则会影响酒入口时所接触的味觉部位，比如说杯身高的会让我们在品饮时头部自然地往后倾斜，并且在闻香时因为离酒面较远，较不容易被酒精冲鼻；而用杯大口宽的杯子，我们的头部和身体则会不经意地往前倾。

    杯肚里的空间大小则决定了酒和空气的接触面积，和空气接触的表面越广，酒氧化也越快，也就是说表现速度更快。此外，杯肚宽的造型便是能让酒和空气接触面积大，杯口窄能聚集更多的香气。集合以上种种变因，所以说对号的杯子能让一款葡萄酒充分体现其优点。

Tips

我常常会拿三四个不同形状的酒杯，斟上同一款酒，观察差异。有时候，请朋友晚餐也会这样做，因为不同的口感可以搭配桌上不同的中国菜，而且如此一来只需要开一瓶酒。现在你知道为什么我家里有一堆葡萄酒杯了！

喝酒和藏酒的温度 ≫

喝酒的温度很重要，
极端重要——
如同我们泡茶时的水温。

一款红酒，尤其是酒精度高一点的，在温度高的时候会变得特别冲鼻，虽然不会让你昏倒，但也不舒服。而且温度一旦过高，酒的性格也会被扭曲。那么，什么叫做温度过高呢？

这问题有点难度，因为不同的酒有着属于它自己的"体温"，而且个人偏好也会有些微差距。

大致的分类如下：带气泡的酒喝时温度最低，气泡酒再细分的话，年份香槟要比无年份香槟温度高。不带气泡的酒，白葡萄酒要比红葡萄酒来得低，不过也有例外，比如有些产区的白酒要比某些产区的红酒要高。这里列张简表可以供参考。

气泡酒
组织简单的5℃-8℃，好的年份香槟以及老香槟可以高些，8℃-10℃。

甜酒
5℃-8℃，酒龄大点的温度可以高一点。

不甜的白葡萄酒

组织简单的8℃−10℃，比较复杂的的10℃−12℃，勃艮地的上好白葡萄酒温度最高，12℃−14℃。

不甜的红葡萄酒

组织简单的10℃−14℃，比较复杂的12℃−14℃，上好葡萄酒温度最高，14℃−16℃。

　　至于藏酒的设备，基于大部分人没有条件挖个地窖当酒窖，买个酒柜是比较折衷的储存方法。如果没酒柜，那么摆在家中阴凉、通风、无异味，而且最好是恒温的地方。此外，建议白酒的储藏温度应比红酒低。记得藏酒时酒瓶最好要平放。

Tips

夏天温度高，酒温也升得快，就算在开了空调的房间里也可能在半小时里温度上了一二度，因此，不要一下子将酒倒得太多(除非你喝的速度很快)，像我这种喜欢吃饭慢慢来的人，只会倒个小半杯。

Tips

购买葡萄酒时，也要注意店里摆酒的地方，比如说是不是在阳光或强烈灯光下？室内温度是否过高？通常越名贵的酒越经不起折腾(我们的荷包也是)。

餐厅进行式 »

对大部分人来说，
到餐厅点酒宛如执行007的任务，
尤其面对着一群饥肠辘辘、
期待你点款好酒来解渴的朋友们，
该怎么做呢？

点酒

我将情况分出不同的可能性。

首先，当大家坐下来，侍者把酒单交给主人（如果他连这顿饭谁是主客都分不清的话，估计有点危险），这时，有两种状况，如果你是主人而且懂酒，那么就看请的是谁、吃的是什么菜来点酒。如果大家吃的是西餐（通常也是在西餐厅里容易见到像样的酒单），但点的菜南辕北辙，那么就点款能让你的主客开心的酒。如果你是主人，但不太懂葡萄酒，最好的方式（也不容易出糗），把酒单交给来客中懂酒的人，如果你的主客刚好喜欢酒，而且知道那么一点，那么就赶快把酒单交给他吧！

如果你不是主人，却接到了这个烫手的山芋，那该怎么办呢？情况有两种，如果今天没有什么贵宾，那么就选主人喜欢的。如果主人邀请了阶层比他高、或者要签合约的顾客，那么就要让他有面子，这会儿该满足的不是他，而是他的客人。

酒点好后，侍酒师会把酒捧过来给点酒的人过目。两个重点：检查酒是否是点的那款，注意酒庄、酒名和年份三大重点，试试酒瓶的温度是否合宜（这在国外的高级餐厅可以跳过，国内的就说不准）。由于国内名庄酒假货猖獗，建议此时仔细检查酒标、酒瓶、封口以及软木塞。许多名庄酒有各自的防伪方式，不妨一一检视。

在国内的话，请侍酒师在你看得到的地方打开这瓶酒（以防被调包），开瓶后尝酒的人也是点酒人，酒入杯的分量不需要多但也不能太少，要够试酒的分量。这个时候，压力来了，全桌的人都会聚精会神地看着你。

侍酒师会把酒瓶的软木塞（如果酒以软木塞封瓶的话）交给你，这能为酒的状况是否良好给个线索。接着就是按照前面章节里的步骤:观色，摇杯，闻香，浅尝一口（可别给吐了哦，这会儿不是品酒会）。如果发现有问题，比如酒温太高、酒有异味，赶紧在这个时候提出来。如果酒温太高，可以请侍者冷却葡萄酒。如果酒质变了，可以要求更换一瓶新的。如果餐厅员工懂酒，会亲自试酒，有水平的餐厅会接受你退换第一瓶酒，如果第二瓶你仍不满意（通常此时餐厅经理会出现），除非这瓶真的也有问题，否则很难要求换上第三瓶。

试完酒确认后，服务员应该先为其他人倒酒，最后才回到试酒人的杯里。

这个时候，大家就能举杯，说些吉详话，不过请不要干杯！如果有西方朋友在场，互相敬酒时记得和对方做个诚挚的眼神交流，四目对看一秒钟，这是一个国际礼仪。

Tips

我好几次在餐厅要求换酒的时候，服务员会说这酒刚开。然而，这跟酒是否刚刚打开全没关系，所以酒若变质，可以名正言顺地要求开一瓶新的。

看酒单

我看酒标的时候，眼前常常会浮现出熟悉的面孔——那些酿酒师、庄主的脸。所以到餐厅点酒的时候，看酒单好像在翻相簿一样。

但不熟悉的人可能觉得一串串的外文更像本天书，该从何下手呢？

大多数的酒单会将葡萄酒以两种分法来罗列：在红葡萄酒、白葡萄酒和气泡酒的大分类下，按国家和产区分（这也是比较正规和传统的，尤其是在欧洲国家），或者按葡萄品种分（这种多在新世界以及酒款少的环境）。

如果都不熟悉，那么可以试试"缩小法"。

价钱可以是第一步，如果没有预算上限，那么可以针对自己喜欢的国家来选择。找到喜欢的国家时，再往下找找产区，产区之下，找找酒庄，然后再看看酒款。国家不难，但产区可复杂了。所以喝酒的新手们倾向以品种的方式来点酒：比如说，喜欢黑皮诺，然后再看看是喝法国的还是新西兰的。至于老手们，对自己要喝什么心里有底，他会找一瓶意大利皮埃蒙特地区的芭芭罗斯科（Barbaresco），某家酒庄的某款酒，然后再挑年份。

如果心里一点谱都没有，可以求助侍酒师（如果餐厅有的话），告诉他你喜欢什么样的口味和价位，并且让他为你点的菜找搭配，这是受过专业训练的侍酒师的分内工作。

Tips

如果同桌人很懂酒，我会建议点款少见、质量卓越的非名庄酒，他会觉得你懂得淘宝，佩服你。如果稍微懂点酒，那么点款他听过的名庄酒，面子就做到了。如果和一点都不懂的人吃饭，点款入门级、好配菜的家常酒，千万不要点个复杂、需要经验的葡萄酒，否则他们会对酒皱眉头，既嫌它涩、又嫌它酸，单价又高，那么你可真折了夫人赔了兵。

张罗自己的酒窖 》》

如何能拥有一个看起来专业的私人酒窖，
让酒专家看了也忍不住羡慕呢？

很多人喝葡萄酒都是从波尔多入门，更确切的说法是
从1855那张名单开始喝起，那五级分类，让人就算不懂酒
中差异，也容易循序而品，所以说这五级制绝对是成功
的Marketing。然而，酒窖里只有波尔多，铁定是少了些东
西，试想，如果一个衣柜打开来，全是同品牌、同款式的
衣服，多少有点单调吧？

一个酒窖是否专业，除硬件设备要合乎对温度、湿度、
通风度以及光线的控制之外，其实更在乎的是酒款分布。

种类的分布

如红白、甜酒与气泡酒等，不同的场合与菜肴所需出场的
酒款自然不同。此外，不同酒体也需备齐，这样不管吃什
么菜都有酒可以搭配着喝。

国家与产区的分布

几个主要产酒国当然是免不了的，而每个国家中再选几个
不同的酒区以体现不同特色。此外，除了知名产区，再挑
些小产区，更能显示出对酒有深度的认识，否则一下子就
被专家们看出来其实只懂皮毛，追求名牌而已。

品种的分布

除了国际品种外，搜集些少见的葡萄，不但能增长见识，尝尝不同的口味，而且来客若很懂酒，这种酒出场最能让人佩服。

年份的分布

搜集的年份要宽，因为各种酒的熟成速度不同，这样可以确保随时都有熟酒可喝。也不是唯有好年份才收，因为那些所谓"困难的年份"所酿制的酒有两个优点：一，价钱合理；二，熟成时间快，能早些饮用。一般说来好年份的酒都需要时间才能达顶峰，展现精彩，因此酒窖里若只有这些酒，那么就意味着子孙会比你更有口福！对自己特别心仪的酒庄，可以搜集不同年份的酒，如此一来还可以做个垂直品饮（Vertical Tasting）。如果手头宽裕，可以一买一箱12瓶，每年开一瓶品尝它的成长与变化，也是喝葡萄酒的一种乐趣。

搜名庄酒其实不难，只要有钱；搜膜拜酒(Cult Wine)的门槛高一点，不过没有也无所谓。倒是准备一些稀奇的东西会让人眼前一亮，比如说没人想到会产酒的地方（比如希腊、黎巴嫩），还没出名的小酒庄的产品。如果有兴趣可以到拍卖会淘点宝（不过这需要功力或者行家指点），如果到酒庄参观后买几瓶酒让庄主签名，都能让酒窖看起来更丰富更精彩，同时成为你席间的谈资。末了，偷偷告诉你一个秘密，酒专家们最喜欢的不是那些大牌子、稀奇货或者天价似的膜拜酒，而是一瓶他还不知道、还没喝过的好东西！

法国人说："告诉我你喝什么酒，我就可以告诉你你是什么样的人。"所以说，酒窖的内涵可重要着呢。

22
White

Top 5

Bernard Defaix (Chablis) 2006

Matteo Corregia (Roero Arneis) 2006

Robert Weil Riesling Tradition (Rheingau) 2009

Sigalas Assyrtiko Barrel (Santorini) 2009

Zind-Humbrecht Gewürztraminer (Alsace) 2002

André Lurton Le Tacot Réserve (Entre-Deux-Mers) 2009

Andreas Laible Kabinett Trocken (Baden Ortenau) 2007

CPL Les Vieillottes (Pouilly-Fumé) 2007

Fontanafredda (Gavi) 2008

Glen Carlou Chardonnay (Paarl) 2008

Grove Mill Riesling (Marlborough) 2007

Gustave Lorentz Riesling (Alsace) 2009

Helan Chardonnay (宁夏 贺兰山) 2008

Hermann J. Wiemer Riesling Dry (Finger Lakes) 2007

Josmeyer Fleur de Lotus (Alsace) 2007

Kenwood Pinot Gris (Sonoma) 2008

Seresin Sauvignon Blanc (Marlborough) 2009

Seven Heavenly Chardonnay (Lodi) 2008

Schlumberger Riesling Les Princes Abbés (Alsace) 2007

St. George Chardonnay (Sonoma) 2005

Tasca d'Almerita Regaleali (Sicilia) 2007

Torres Fransola (Penedès) 2008

B

ernard Defaix
(Chablis)
2006

夏布丽

伯纳德父子庄园

这款夏布丽色泽非常的金黄、油润，它并非大家心目中那种酸度激昂、让人牙软的白葡萄酒，相反地，它带点蜂蜜、烤榛子和杏仁的味道。尽管也有着黄柠檬似的酸味以及葡萄柚的苦丝，然而酒体沉稳，像是一款老年份的香槟。

对于一款2006年的夏布丽，这酒陈化的速度似乎快了些。我有点纳闷，猜想或许是第一瓶酒有偏差？但第二瓶也一样，于是我假设它可能是款有机酒，二氧化硫加得少。结果一查，验证了推论。对于这一股很特别的韵味，有人很欣赏，也有人不习惯。所以说喝酒没有对错，只有喜欢与否。

»

Info

国家：法国
产区：夏布丽(Chablis)
葡萄品种：100%夏东内
消费者购价：369元
酒庄成立：1952年
酒庄葡萄园面积：27公顷
是否有机种植：是
酒庄平均年总产量：250,000瓶

☑ 柔顺
☑ 沉稳
☑ 配菜酒

个性标签

DOMAINE BERNARD DEFAIX

CHABLIS

APPELLATION CHABLIS CONTRÔLÉE

2006

Mis en bouteille par Bernard Defaix à 89800 Milly
Chablis - France

Matteo Corregia (Roero Arneis) 2006

卡乐嘉罗伊洛·爱尔尼斯

　　这款北意大利来的白葡萄酒，想不到竟然可以配咱们的广式叉烧！酒因此变宽、变厚、变壮，不仅打破了白酒只能配海鲜的刻板印象，和叉烧肉相遇之后它还改变了体型，真是很有趣的组合呀。

　　闻香的时候它没有果香之流，飘出来的是一股烟熏味和旧橡木桶的气息。入口后第一感觉和闻时吻合，也带些熏烤的苦味以及黄柠檬的清新。平衡，是这款葡萄酒给我的感受，而这也是所谓好酒的重要元素之一。

　　有些酒单品时也许没能带给味蕾震撼，但却是食物的好朋友，这支酒正是如此。

Info

国家：意大利

产区：皮埃蒙特(Piemonte)

葡萄品种：100%阿内斯

消费者购价：323元

酒庄成立：1985年

酒庄葡萄园总面积：20公顷

是否有机种植：否

酒庄平均年总产量：121,000瓶

ROERO ARNEIS
Denominazione di Origine Controllata e Garantita
WHITE WINE
2006
Imbottigliato all'origine da: - Estate Bottled by:
Azienda Agricola Matteo Correggia
Canale - Italia
13.5% BY VOL.   NET CONT. 750 ML

☑ 沉稳
☑ 平衡
☑ 配菜酒

·个性标签

R

obert Weil Riesling Tradition (Rheingau) 2009

罗伯特－威尔酒庄雷司令（丽丝玲）干型

　　虽然刚开瓶的时候显得很保守，拒人于千里之外，但是入口后那种集中度却很引人入胜，加上微甜的口感，丽丝玲的清新感在后半段才慢慢释放出来，宛如一个有内涵的女子。

　　这酒在几天以后才开始散发出属于它的体香：袅袅的白花，水蜜桃的香甜。口感虽油润却清爽干净，喝到一半的时候飘出丝丝柚子皮的清苦，刚好将原来的甜味做了一个平衡。

　　这款德国酒出落得好，余味长，让人意犹未尽。和几道中国菜对喝时也不错，比如清蒸花蟹，让酒显得油润起来；尤其是配干锅香菇鸡，这酒一喝，竟然吊出了更多的香菇的香气，神奇……

»

Info

国家：德国

产区：莱茵高(Rheingau)

葡萄品种：100%丽丝玲

消费者购价：305元

酒庄成立：1875年

酒庄葡萄园面积：75公顷

是否有机种植：是

酒庄平均年总产量：550,000瓶

2009
RHEINGAU

WEINGUT
ROBERT
WEIL

RIESLING
TRADITION

☑ 内敛

☑ 有型

☑ 魅力

个性标签

Sigalas Assyrtiko Barrel (Santorini) 2009

圣嘉丽斯橡木桶白葡萄酒

这是一款非常有趣的酒。

首先，它有两件事很稀奇，一是出生地，二是血统。

它的香味有着清亮的酸度和矿物感，又有着熏烤的味道，几乎让人联想到培根肉。一款白葡萄酒会有这些结合，不常见。是什么样的葡萄制造出这样的白酒？

入口后，极高的清新度立刻让人认出它不是夏东内（虽然闻香时会有点到了勃艮地的错觉），但也不是丽丝玲那种犀利不饶人的酸度，由于它在橡木桶中"涵养"过，因此有些淡淡的桶香和微微的熏烤味，还有少许柚子皮的苦丝，但酒身扎实，很有质感。最美妙的是，就这个价位来说，它的余味显得颇为悠长。

去年，我在希腊的火山小岛，一个叫做圣托里尼（Santorini）的地方发现了它，这一款由阿西尔提可（Assyrtiko）葡萄酿制的白酒，曾让许多品酒家盲品时错认为夏东内，喝到它让我惊喜不已。

记得要拿杯身大一点的酒杯来喝，不要用一般的白酒杯来对待它，如此，它的香味才有空间来展现！

Info

国家：希腊

产区：圣托里尼岛 (Santorini)

葡萄品种：100%阿西尔提可

消费者购价：300元

酒庄成立：1991年

酒庄葡萄园面积：22公顷

是否有机种植：否

酒庄平均年总产量：300,000瓶

☑ 有型

☑ 清爽

☑ 配菜酒

·个性标签

Zind-Humbrecht Gewürztraminer (Alsace) 2002

辛特鸿布列什酒庄 温斯翰园 白葡萄酒

这款酒年纪不小了，它流入杯中时那带些琥珀色的色泽透露了秘密。因为白葡萄酒的色泽会随着时间的推移而变深；至于红酒，颜色反而会随时间变淡，渐渐成砖红色。

靠近了闻一闻，这款歌舞姿（或者译为琼瑶浆）已经散发出一种晚收成的甜酒风味，入口油润，少许的烤番薯香甜，还有老蜂蜜的感觉。酒体不错，末了有少许的酸度回勾。这酒会让许多小女生爱不释手，因为歌舞姿（Gewürztraminer）这品种本身就极富魅力，有时它甚至会有玫瑰和荔枝的香气。许多人第一次接触它就被深深吸引，甚至无法自拔，所以很适合情人节时的烛光晚餐。它也是法国阿尔萨斯当家的七大品种之一。

西餐的话，配法式煎鹅干很不错，配泰国料理中的黄咖喱虾也很美味，能与咖喱中的香料味互相烘托，将余味拉得长又长，浓情蜜意得很哟……

Info

国家：法国

产区：阿尔萨斯(Alsace)

葡萄品种：100%歌舞姿

消费者购价：345元

酒庄成立：1959年

酒庄葡萄园面积：40公顷

是否有机种植：是

酒庄平均年总产量：216,000瓶

☑ 甜美

☑ 魅力

☑ 新手试饮

个性标签

André Lurton
Le Tacot Réserve
(Entre-Deux-Mers)
2009

古董车侯爵干白

看过有些人形容酒像是刚割完的草地吗？那么尝一口这酒，你就能明白这样的形容词其实一点也不夸张，不是不着边际的想象。

除了青草香，这款白酒还有开满小花的野外香。入口后温甜、口感油润，有些许的芦笋汁味。它体质温和，给人青春的幼嫩感，蛮适合刚开始接触白葡萄酒的小姑娘。这款波尔多说明，波尔多不是只有浓烈的红酒，也有体贴的白葡萄酒。

因为这一款白葡萄酒在酿制过程中没有进橡木桶，没有多少木桶味来粉饰，所以和云南酸辣炒河粉这样又酸又辣的菜也能一起吃喝。如果是橡木味太重的葡萄酒，有时会因为配的菜而显得浮夸，成了木屑汁，因此要小心在搭配菜时可能成为伤点。

>>

国家：法国

产区：波尔多 两海之间

葡萄品种：50%白苏维农，40%

赛美蓉，10%蜜斯卡岱

消费者购价：316元

酒庄成立：非酒庄酒

酒庄葡萄园面积：无

是否有机种植：否

酒庄平均年总产量：不定

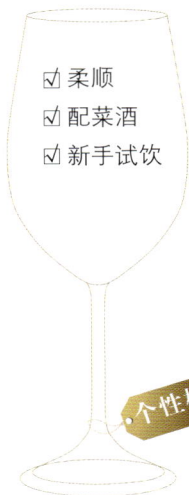

300 | RMB NICE BUY

GRAND VIN DE BORDEAUX

LE TAOT
RÉSERVE

ENTRE DEUX MERS
APPELLATION ENTRE DEUX MERS CONTRÔLÉE

ANDRÉ LURTON
CULTURE D'EXCEPTION

75 cl   12.6%Vol.   RÉCOLTE 2008

☑ 柔顺
☑ 配菜酒
☑ 新手试饮

个性标签

Andreas Laible Kabinett Trocken (Baden Ortenau) 2007

阿莱博 多巴赫 普拉来 珍藏雷司令（丽丝玲）干型

带点甜的白葡萄酒通常会受人欢迎，一方面喜欢偏甜口感乃人之常情，另一方面现代的饮料甜味也都重，人们的味蕾习惯了。

这一款丽丝玲基本上能满足这样的要求，尽管它的酸度不是传统的行家所找的那种，但这带着淡淡的青柠酸却又微甜的口感，很容易让人接受。

丽丝玲基本上是吃海鲜时的最佳伴侣，丽丝玲在日本销路好，就归功于它和生鱼片几乎可以说是铁人档。搭配中餐吃也能八九不离十，例如不加料的清蒸虾，就最能和它匹配。

国家：德国

产区：巴登 欧它诺 (Baden Ortenau)

葡萄品种：100%丽丝玲

消费者购价：305元

酒庄成立：1672年

酒庄葡萄园面积：7.5公顷

是否有机种植：否

酒庄平均年总产量：50,000瓶

☑ 柔顺
☑ 新手试饮

个性标签

Baden Ortenau

LAIBLE

2007
Durbacher Plauelrain

Riesling

Kabinett trocken

11.5% vol.   750 ml

A. P. Nr. 514/05/09

C

PL Les Vieillottes (Pouilly-Fumé) 2007

普伊芙美
白葡萄酒

这款罗亚河区的白苏维农，和新西兰的在性格上有很大差异。

这儿的天气冷，所以酒的清新度也高，而且闻香时比较内敛。口感上，这酒可以说是相当典型，柑橘类、柠檬皮，有着微微的苦丝，并随着时间演化渐渐出现蜂蜜的味道。这样的酒配海鲜极好，而且喝了不腻。

提醒一下，许多人常将这个产区与勃艮地的菩怡芙塞（Pouilly-Fuissé）混淆，勃艮地的品种是夏东内，相信开瓶喝过一次就会知道两者的差异，不会再搞错。

»

Info

国家：法国
产区：菩伊芙美(Pouilly-Fumé),
卢亚尔河谷
葡萄品种：100%白苏维农
消费者购价：346元
酒庄成立：1969年
酒庄葡萄园面积：35公顷
是否有机种植：是
酒庄平均年总产量：45,000瓶

☑ 清爽
☑ 配菜酒

个性标签

F

ontanafredda
(Gavi)
2008

弗芮达庄园
佳味白葡萄酒

一款容易被了解的葡萄酒。

凑近杯缘，一股浅浅的烟熏味飘了出来。再仔细闻闻，后面透着杏桃、白花，给人油润的感觉。入口后带点炭烧味，口感平顺，还有点黄柠檬的滋味，没有什么高潮迭起，不复杂却很守本分。它符合意大利人对葡萄酒的诠释:吃饭时的配角，因此它不是那种喝了会让你喝一声彩的酒，但却能陪着大家吃得尽兴。

淡淡的桶香在开瓶后三天才飘出来，稳扎稳打的酒体没让这款佳味（Gavi）被空气给消磨，的确是蛮好的一款家常葡萄酒。

Info

国家 : 意大利

产区 : 佳味(Gavi)

葡萄品种 : 100%柯蒂斯

消费者购价 : 288元

酒庄成立 : 1878年

酒庄葡萄园面积 : 70公顷

是否有机种植 : 否

酒庄平均年总产量 : 6,150,000瓶

GAVI

GAVI

DENOMINAZIONE DI ORIGINE
CONTROLLATA E GARANTITA
DEL COMUNE DI
GAVI

FONTANAFREDDA

☑ 柔顺

☑ 配菜酒

个性标签

Glen Carlou Chardonnay (Paarl) 2008

格兰卡洛酒庄 莎当妮（夏东内）

这酒的新桶味还很明显，而且闻起来带甜，一定能满足喜欢橡木桶味道的饮客，不过，桶味是会随着时间而逐渐消退的，因此，喜欢这种香气的人得尽早喝，反之，就等一等。

酒里有菠萝味道，在西方酒评家眼里，这被归类为热带水果香气。它也是我盲品夏东内葡萄酒组中甜度最高的一款。虽说酸度在，但不是很集中，入口时的澎湃宛如一个大浪，一会儿就退了下去，岸上不留痕迹——很典型的新世界风格。一如此类型的葡萄酒，就算开瓶后，只要适当冷藏，它还可以留上一星期。当然，冰箱内不能有味道重的剩菜。所以说，这酒挺适合一下子喝不完一整瓶的单身女性或小两口。

Info

国家：南非
产区：柏尔(Paarl)
葡萄品种：100%夏东内
消费者购价：255元
酒庄成立：1985年
酒庄葡萄园面积：19公顷
是否有机种植：是
酒庄平均年总产量：76,000瓶

Chardonnay
wine of origin paarl

GLEN
CARLOU
The handcrafted wines of David Finlayson

☑ 甜美
☑ 柔顺
☑ 典型

个性标签

Grove Mill Riesling (Marlborough) 2007

树林磨坊雷司令(丽丝玲)白葡萄酒

如果说喜欢丽丝玲，通常都是冲着它的两个特点：一是它那干净漂亮的清新感，二是它的那股烟花味。也许有人受不了这种类似煤油灯、打火石的气味，觉得怪，但也有人喜欢，感觉好像站在放着烟花的夜空下!

这款酒的气味符合了烟花的爆破感，但入口后还是属于比较温和的，带点甜，它不是酸到令人牙软的那种丽丝玲，但也不是说它就没有酸度了。就一款新西兰的丽丝玲来说，还是显得颇为稳当的(尽管很少人说到新西兰时会联想起这品种)。这不是一款需要窖藏的丽丝玲，但在我开瓶五天回头喝时依然显得饱满，也是当天最受大家欢迎的一款酒。

虽不是伟大的丽丝玲的代表，但这款酒能让宾主尽欢，尤其是用来搭配一桌海鲜时。如果你跟我一样对水产情有独钟，记得把它列在配菜酒水单上吧。

»

Info

国家：新西兰
产区：马尔堡(Marlborough)
葡萄品种：100%丽丝玲
消费者购价：300元
酒庄成立：1988年
酒庄葡萄园面积：118公顷
是否有机种植：否
酒庄平均年总产量：1,200,000瓶

☑ 柔顺
☑ 讨喜
☑ 配菜酒

个性标签

G
ustave Lorentz
Riesling
(Alsace)
2009

古斯塔夫洛伦兹
雷司令（丽丝玲）珍藏

»

这款白葡萄酒，可以归类为女人酒。

它气息清爽，带着果香，入口后温柔，体贴味蕾，想来没几个女孩子会不喜欢。尽管也是丽丝玲，但却是个没脾气的丽丝玲，它的温甜估计也会让某些喜欢白葡萄酒的男士们招架不住。

这款阿尔萨斯白酒的酒体平衡，余味又长（以这个价位的丽丝玲来说），入口后还有些杏桃的香甜。

Info

国家：法国

产区：阿尔萨斯(Alsace)

葡萄品种：100%丽丝玲

消费者购价：269元

酒庄成立：1836年

酒庄葡萄园面积：150公顷

是否有机种植：否

酒庄平均年总产量：1,500,000瓶

☑ 柔顺

☑ 平衡

☑ 新手试饮

个性标签

H

elan Chardonnay
（宁夏 贺兰山）
2008

贺兰山美域
珍藏级霞多丽（夏东内）

»

中国近来葡萄酒市场大热，不仅进口酒每年翻倍增长，国内也多了不少希望提升中国酒质量的酒庄，贺兰山的这款夏东内据报道便在国际品酒赛中拿过奖。

微甜的果香，以及一些些春天里花朵刚开的香味。举杯试饮，酒体相当轻，几乎没有酸度，只有一点点的黄柠檬。看来这款酒是经过市场调查，照顾不少中国人怕酸而酿制的葡萄酒。口中有着花香，估计也是针对大部分刚喝葡萄酒的消费者对花果味多的喜好。虽然它没有夏东内的特点，然而做得还是挺平衡的。

有趣的是，它竟然和香菜（而且是丢在汤汁上面半生半熟的那种）产生了反应，让我的味蕾有放烟花的感觉，真是太闪电了！这款酒，绝对是为中国味蕾定制的夏东内。

Info

国家：中国
产区：宁夏贺兰山东麓
葡萄品种：100%夏东内
消费者购价：250元
酒庄成立：1997年
酒庄葡萄园面积：930公顷
是否有机种植：否
酒庄平均年总产量：13,330,000瓶

☑ 柔顺
☑ 平衡

个性标签

Hermann J. Wiemer Riesling Dry (Finger Lakes) 2007

赫尔曼雷司令（丽丝玲）干白

　　美国的丽丝玲，口感还是跟德国的有些本质上的差异。

　　虽然闻起来它有着典型的丽丝玲那种闷闷的煤油味，但也是蜻蜓点水般意思一下。有趣的是尽管味道淡，但那种矿物味却持续了将近一星期。

　　入口是我喝到的几款丽丝玲中最甜的（没办法，美国人喜欢甜的东西），并没有传统丽丝玲的犀利感，取而代之的是浑厚的酒身，甜味高，还有菠萝香味，幸好清新度在，平衡了这款酒。

　　喜欢酒偏甜的人，应该能接受这款丽丝玲。而且它和亚洲菜容易相处，例如配酸甜口味的泰式鳕鱼，两者完完全全地融合在一起，彼此相互衬托；与清蒸虾搭配时，虾肉显得更嫩更鲜；和咕咾肉一起吃也异常地美味，两者都有菠萝的元素，所以特别合得来。

Info

国家：美国

产区 ： 芬格拉克斯（Finger Lakes)

葡萄品种：100%丽丝玲

消费者购价：380元

酒庄成立：1979年

酒庄葡萄园面积：24公顷

是否有机种植：否

酒庄平均年总产量：168,000瓶

☑ 甜美

☑ 柔顺

个性标签

J
osmeyer
Fleur de Lotus
(Alsace)
2007

乔士迈庄园
『莲』白

这家酒庄力行有机法、自然动力法好些年了，想试试有机酒的话，可以从这瓶开始。

有意思的是，这款金黄色的白葡萄酒，闻起来既甜又有着烟熏的特点，入口后，歌舞姿（Gewürztraminer）带些苦丝的风采，底下藏着热带水果，末了有菠萝的酸味。喝下它，感觉口腔特别清爽、干净，还有椴花蜂蜜的滋味回荡。

法国阿尔萨斯是白葡萄酒的大本营(此区酒类90%的产量是白葡萄酒)，而且和亚洲料理搭配相当容易。此外价格也相当宜人，是负担得起的法国酒。目前中国消费者对这种性价比相当好的酒知道得不多，真是可惜呀。

>>

国家：法国

产区：阿尔萨斯(Alsace)

葡萄品种：50%灰皮诺、白皮诺，40%歌舞姿，10%蜜思卡、丽丝玲

消费者购价：330元

酒庄成立：1854年

酒庄葡萄园面积：26公顷

是否有机种植：是

酒庄平均年总产量：180,000瓶

RMB NICE BUY

300

JOSMEYER

ALSACE

蓬

Fleur de Lotus

☑ 清爽

☑ 柔顺

个性标签

101

K

enwood Pinot Gris
(Sonoma)
2008

加州金湖
尚品灰皮诺精品干白

灰皮诺的个性特点是平易近人。

在搭配菜肴上，对于中国菜，甚至泰国料理来说，灰皮诺都是最佳选择。它不会让你伤脑筋，它也不抢菜色风采，就只乖乖地在一旁当个配角，衬托晚餐。这款酒沿袭了灰皮诺的本质，虽然没有什么高潮，但整体平稳，而且甜度低，不会喝了两杯就感觉腻。

有意思的是，温度低的时候它闻起来有白花香，而温度高时，熟果的甜味绽放出来。而且开瓶五天后入口依然有劲，还多了些蜂蜜味，让我对这款灰皮诺的耐力刮目相看。此外，它居然能和青炒丝瓜配到一块儿，如此淡雅丝滑的蔬菜，也被灰皮诺给收服了！

»

Info

国家：美国

产区：索诺玛 (Sonoma)

葡萄品种：93%灰皮诺，2%白皮诺，5%夏东内

消费者购价：250元

酒庄成立：1970年

酒庄葡萄园面积：2000公顷

是否有机种植：否

酒庄平均年总产量：6,000,000瓶

300 RMB NICE BUY

☑ 柔顺

☑ 配菜酒

☑ 新手试饮

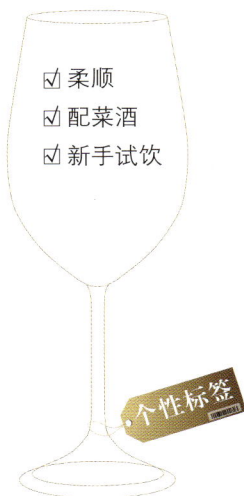

个性标签

KENWOOD
VINEYARDS

SONOMA COUNTY

PINOT GRIS

12.5% ALCOHOL BY VOLUME

103

Seresin Sauvignon Blanc (Marlborough) 2009

席尔森酒庄 长相思（白苏维农）干白

近几年来国际上流行喝白苏维农，有人喜欢那种带着青草和芦笋汁，也就是很植物味的白酒（品酒术语里以黑茶藨子或译为黑醋栗芽苞来形容）。炎热的夏天里来一杯冰镇过的白苏维农，的确能起到消暑的作用——不过，这还得看你是否喜欢它那股特殊的体味。

这款酒除了有些标准的芦笋汁味外，还多了些甜瓜、白花香，而口感也与之吻合，多了一股青柠檬的滋味。整体来说，这款酒的妆上得淡，所以感觉还算自然，而且和新鲜芦笋炒百合这道菜有共同点（但和橡木桶味重的白苏维农则不能搭），与清炒丝瓜搭配也不错。

国家：新西兰

产区：马尔堡(Marlborough)

葡萄品种：95%白苏维农，5%赛美蓉

消费者购价：365元

酒庄成立：1992年

酒庄葡萄园面积：150公顷

是否有机种植：是

酒庄平均年总产量：360,000瓶

☑ 清爽
☑ 配菜酒

个性标签

SAUVIGNON BLANC
MARLBOROUGH
NEW ZEALAND

Seven Heavenly Chardonnay (Lodi) 2008

海雯丽霞多丽(夏东内)干白

专家们喜欢有深度、有层次的葡萄酒，换句话说，不够复杂的酒满足不了他们挑剔的味蕾。不过，这款青春、甜美、百花盛开的酒，估计还是能让他们眼睛一亮。

一篮子的花香含在口中，它油润、明亮，有少许的菠萝果味，虽然甜美但不过火，而且一点点的柚子皮苦丝让这酒显得不那么轻浮。对这样的葡萄酒，品饮者通常不会期待余味有多长，然而这款夏东内却让人回眸了好几秒。而且杯中的香气持久，空杯以后花香仍久久不散。相信刚接触葡萄酒的人很容易因为它而喜欢上夏东内，至于喝惯勃艮地的老手，这也不啻为能清清他们味蕾的一款酒。

Info

国家：美国

产区：洛迪, 加州(Lodi)

葡萄品种：100%夏东内

消费者购价：300元

酒庄成立：1860年

酒庄葡萄园面积：263公顷

是否有机种植：否

酒庄平均年总产量：4,800,000瓶

☑ 讨喜

☑ 甜美

☑ 新手试饮

个性标签

Schlumberger Riesling Les Princes Abbés (Alsace) 2007

阿贝王子雷司令（丽丝玲）半干白

淡淡的金黄，一见之下，这款法国阿尔萨斯的白葡萄酒，在视觉上已经引起想喝的欲望。凑近一闻，果真是款丽丝玲，标准的煤油味。可能不习惯的人会有点排斥，毕竟葡萄酒里有煤油的味道是挺奇怪的，不过，这也是丽丝玲的典型气味之一，喝惯的人找的还就是这股味道。这让我联想到榴莲，那股冲鼻的怪味，却让有的人爱到不能自拔。

入口后有着少许的椴花蜂蜜香甜，酸度虽说有点散漫，不似高级班的丽丝玲（那种通常酸得非常犀利，有酒农形容成教堂的尖顶，直入云霄），末了有些柑橘类水果的皮之微苦，少许的黄柠檬。尽管口感有点上了年纪，但开瓶五六天以后依然健在，没走样，该有的矿物感也还在，虽然所剩不多。

只要烹饪时酱汁的口味不是太重，任何原味的海产都能因为配了这酒而显得更鲜美。

»

Info

国家：法国

产区：阿尔萨斯(Alsace)

葡萄品种：100%丽丝玲

消费者购价：280元

酒庄成立：1810年

酒庄葡萄园面积：130公顷

是否有机种植：是

酒庄平均年总产量：700,000瓶

☑ 柔顺
☑ 配菜酒

个性标签

S

St. George Chardonnay (Sonoma) 2005

圣乔治橡木桶珍藏莎当妮（夏东内）

»

它的身躯庞大：奶油味浓，木桶味重，酒精度高，而且甜。不过对喝惯了的人来说，可能觉得正是这样味道才足。

这是很典型的美国夏东内，油润、饱满，还散发着烤杏仁的香味，有自己的型。这酒最大的优点是在我的冰箱里撑了将近两星期（而且没有抽空气），竟然依然保持原状，没走样。比起欧洲一些同等级的白葡萄酒来说，它的耐力让我十分惊讶。

那么，如此浓郁的白葡萄酒该搭配什么菜呢？试了好几道，最后吃到姜葱青蟹的时候，我的味蕾告诉我它找到了最佳拍档，真是出乎意料呢……

Info

国家：美国

产区：索诺玛(Sonoma)

葡萄品种：100%夏东内

消费者购价：320元

酒庄成立：1928年

酒庄葡萄园面积：24公顷

是否有机种植：否

酒庄平均年总产量：1,800,000瓶

2005

ST

GEORGE

SONOMA COUNTY
CHARDONNAY
BARREL RESERVE
ALC 13.0% BY VOLUME

Domaine St. George
family of wines

750 ml

☑ 甜美

☑ 浓郁

☑ 典型

个性标签

Tasca d'Almerita Regaleali (Sicilia IGT) 2007

塔斯卡－雷加利 干白

有葡萄酒会散发出培根肉香的吗？答案是：有，而且还是款白酒。

这款西西里岛酿制的白葡萄酒，浑身上下散发一股烟熏的肉味。甫一入口，也有这种烧烤的味道，甚至带点苦味（不是烧烤苦，而是柚子皮的那种），口感清爽，虽然余味不长，但绝对是款下饭的酒，容易和食物相处。我把它拿来搭配日式咖喱，效果很好，原本香气特殊的咖喱，此时更显得表情丰富……

Info

国家：意大利

产区：西西里岛(Sicilia)

葡萄品种：尹佐立亚, 格雷卡尼寇, 卡塔拉托

消费者购价：298元

酒庄成立：1830年

酒庄葡萄园面积：400公顷

是否有机种植：否

酒庄平均年总产量：750,000瓶

☑清爽
☑配菜酒

个性标签

Torres Fransola (Penedès) 2008

桃乐丝菲兰索

有人形容西班牙的红葡萄酒是装在瓶子里的阳光，其实他们也有很适合吃海鲜的白葡萄酒。

尽管闻香时感觉薄弱，但这酒个性温和，木香淡淡的，酸度不突兀，酒体虽称不上饱满但也不干瘪，酒精度倒是蛮高，余味也不错。这款酒不张扬，也称得上是配菜能手，甚至能将像宫保带子这样的四川菜束手就擒，把辣味给镇住；和黄鱼蒸豆腐（千滚鱼、万滚豆腐）这样的耐心菜搭配也不错，所以我说，它是为食物而存在的葡萄酒。

Info

国家：西班牙

产区：佩内德斯(Penedès)

葡萄品种：90％白苏维农，
10%帕雷亚达

消费者购价：321元

酒庄成立：1870年

酒庄葡萄园面积：25公顷

是否有机种植：否

酒庄平均年总产量：79,990瓶

TORRES

Fransola.
SAUVIGNON BLANC

PENEDÈS
Denominació d'Origen

EMBOTELLADO POR MIGUEL TORRES SA
VILAFRANCA DEL PENEDÈS · BARCELONA · ESPAÑA · R.E. 796-B3 FACG

☑ 柔顺
☑ 配菜酒

个性标签

28
Red

Top 5

Allegrini (Valpolicella Classico) 2008

Château Fonplégade Fleur de Fonplégade (St-Emilion) 2004

Domaine de la Clapière Jardin des Jules (Pays d'Oc) 2008

Fonterutoli (Chianti Classico) 2007

Marqués de la Concordia Reserva (Rioja) 2001

Abadal 3,9 (Pla de Bages) 2006

Alkoomi Shiraz Viognier (Frankland River) 2007

Altico Syrah (Jumilla) 2007

Atalayas Crianza (Ribera del Duero) 2007

Château Malescasse (Haut-Médoc) 2005

Château Paradis (Provence) 2007

Col d'Orcia (Rosso di Montalcino) 2006

Decero Malbec (Mendoza) 2008

Delas Les Launes (Crozes-Hermitage) 2007

Domaine de Beaurenard (Rasteau) 2008

Fattoria di Lucignano (Chianti) 2006

Finca Perdriel Centenario (Mendoza) 2005

Frescobaldi Nipozzano Riserva (Chianti Rufina) 2007

Geoff Merrill Jacko's Blend Shiraz (McLaren Vale) 2005

Mas de Clergues (Pays d'Oc) 2008

Momo (by Seresin) Pinot Noir (Marlborough) 2008

Ornellaia Le Volte (Toscana) 2008

Silver Heights Family Reserve (宁夏 贺兰山) 2008

Terrace Heights Estate Pinot Noir (Marlborough) 2007

Torreon de Paredes Reserva Privada Merlot (Rengo) 2005

Torres Celeste Crianza (Ribera del Duero) 2006

Yalumba Shiraz Viognier (Barossa) 2006

Yering Station Shiraz Viognier (Yarra Valley) 2007

A

llegrini
(Valpolicella Classico)
2008

艾格尼 瓦尔波利塞拉

　　一闻，这酒立刻引起我的兴趣。杯里有一些些花香、丁点香料，淡淡地勾勒出一种异国花园的情调。熟悉的红果味，很后头才露了面。

　　口感清爽，蛮高的酸度让人理解到它来自气候较冷的产区（意大利北部），然而当小红莓的滋味顺着喉咙一起下滑时，却让我烦恼，如此细致的酒能和什么菜一起搭呢?两天以后，原有的花香消失了，取而代之的是黑椒香，口感依然清亮。我真是有点舍不得拿它去配菜，觉得单品才最能喝出它的纯净与线条。

　　一个星期后（是的，我开了一星期每天观察它的变化，这也是通常我对好酒才会做的事），闻起来竟然有种似曾相识的波尔多味，口感依然清新，我想也许不添料、不加酱汁的煎牛排，能和酒体如此干净的葡萄酒对喝吧，结果正如我的期待。

　　一位脸蛋干净的女孩，其实就已经非常吸引人，无需彩妆、无需昂贵的服饰。这款酒，也是。

»

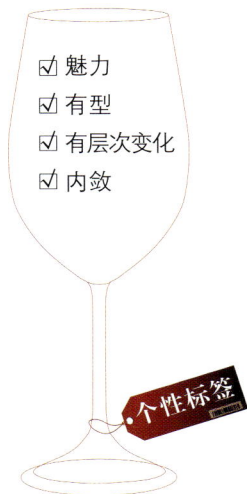

Info

国家：意大利

产区：瓦尔波利塞拉(Valpolicella Classico)

葡萄品种：65%科维纳 维罗纳，30%龙帝纳拉，5%莫里娜拉

消费者购价：319元

酒庄成立：1854年

酒庄葡萄园面积：100公顷

是否有机种植：否

酒庄平均年总产量：900,000瓶

VALPOLICELLA
DI NOMINAZIONE DI ORIGINE CONTROLLATA
CLASSICO

Allegrini

☑ 魅力
☑ 有型
☑ 有层次变化
☑ 内敛

个性标签

119

Château Fonplégade Fleur de Fonplégade (St-Emilion) 2004

法国枫拉盖德古堡之花

这酒有波尔多河右岸的风姿：温柔、女性化，带着烟熏红枣的香。

它出自名产区圣爱美侬（St-Emilion），而且还属于特级酒庄行列。这款副牌酒的温柔婉约估计能满足不少女性朋友的味蕾。此外，它出自名酿酒师顾问Michel Rolland之手，不知Michel用了什么办法和科技手段，也不知是否用了他出名的那一招，这酒给他调教得相当不错。

葡萄园里有百分之九十都是梅洛，这种葡萄也是许多葡萄酒爱好者最熟悉的品种，它圆润、大方，酿出的酒不知为何常常让我想起杨贵妃，可能是那种肉感足、线条丰满的感觉吧。

最后提一句，这酒庄本身的建筑风格非常抒情、浪漫，难怪在2004年被一位疯狂搜集酒庄的美国实业家给买走了……

Info

国家：法国
产区：圣爱美侬(St-Emilion)
葡萄品种：91%梅洛, 7%卡本
内芙虹, 2%卡本内苏维农
消费者购价：350元
酒庄成立：1863年
酒庄葡萄园面积：18公顷
是否有机种植：否
酒庄平均年总产量：55,500瓶

☑ 柔顺
☑ 讨喜
☑ 新手试饮

个性标签

Domaine de la Clapière Jardin des Jules (Pays d'Oc) 2008

掬勒园干红

盲品时，立刻就注意到这款酒的劲道和风格了。直觉上里头有卡黑酿（Carignan），这品种在法国南部和西班牙见得多，但要喝出来还真不容易，不知道我怎么喝到它的，也许跟我在隆河谷地住了五年还是有点关系。

许多的红果子加一丁点甜味，让我想起早餐里的草莓果酱；后面跟着些胡椒香，里头有些希哈（Syrah），口感因为年份少所以显得很内敛，单宁细致不粗俗，果味多，有着黑巧克力和咖啡豆的香味，层次感不错，末了有些熏烤的苦味。

这种酒不是拿来单喝的，而属于吃饭搭菜的葡萄酒，也就是说它也许不会在第一时间让人目瞪口呆，但却能陪你一整晚。另外，这酒值得多放两三年，再开瓶。

»

Info

国家：法国
产区：奥克(Pays d'Oc)
葡萄品种：80%梅洛，10%希哈，10%卡黑酿
消费者购价：306元
酒庄成立：1852年
酒庄葡萄园面积：35公顷
是否有机种植：否
酒庄平均年总产量：200,000瓶

☑ 窖藏
☑ 内敛
☑ 有层次变化

个性标签

F onterutoli (Chianti Classico) 2007

马泽世家凤都城堡凤都基昂蒂（奇昂蒂）经典

　　我想许多人对意大利的印象，总或多或少和那阳光明媚的托斯卡纳脱不了关系，而托斯卡纳里的经典产区经典奇昂蒂（Chianti Classico）也是酒友们必喝的产区之一。

　　这款酒红得化不开，几近墨色般深沉，看起来并不是典型桑娇维赛（Sangiovese）特色，它的果味很魅，难以表述，却很诱人。浅尝一口，红果味汹涌澎湃而来，带着辛辣的触感，单宁一点也不含蓄，似乎说着自己是万人迷，你不想看都不行。这极有劲的口感让我想搁上几天再来喝。一星期后，浓浓的木桶衍生出来的香草味取代了原有的果味，口中多了些苦咖啡味，硬朗的体型依然我行我素。

　　有趣的是，桌上的皮蛋豆腐竟然和它看对眼了，它抓住了尾音，延长了皮蛋特有的香气。我简直不敢相信，如此硬朗的英雄竟然拜倒在这个中国小菜的石榴裙下！上一次我亲眼目睹被收服的是勃艮地的老波玛（Pommard）。有道是，英雄难过美人关——如果皮蛋豆腐能称作美人的话……

»

Info

国家：意大利

产区：奇昂蒂(Chianti Classico)

葡萄品种：90%桑娇维赛, 5%黑玛法姿亚、柯洛利诺、5%梅洛

消费者购价：338元

酒庄成立：1900年

酒庄葡萄园面积：117 公顷

是否有机种植：是

酒庄平均年总产量：386,000瓶

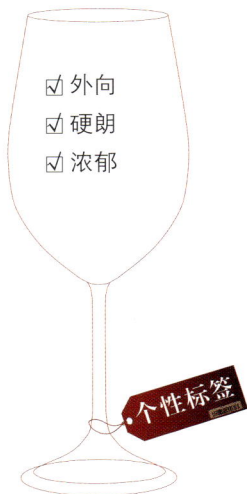

FONTERUTOLI

2007

CHIANTI CLASSICO

DENOMINAZIONE DI ORIGINE CONTROLLATA E GARANTITA

MAZZEI

1435

☑ 外向

☑ 硬朗

☑ 浓郁

个性标签

Marqués de la Concordia Reserva (Rioja) 2001

马库斯里瑟瓦

在中国已经很久没喝到有点酒龄的西班牙酒了，我的意思是能在市场上买得到、而不是只有在专业品酒会或晚宴里难得喝上一回的那种。

开瓶的时候竟然发现木塞上长了青苔，另一头的酒渍染了半个木塞！顿时我的心凉了一大截，心想这酒大概泡汤了。没想到，一尝竟然没问题。

真是漂亮的石榴红，透亮得直见杯底，由于已经九岁，所以红砖色的酒晕很宽。贴近闻了闻，气味非常干净，有少许的香甜感，是草莓、野桑葚的感觉，让我一扫开瓶时的疑虑。尝了尝，爽口、干净、清爽，更神奇的是，一刻钟后，这酒竟然飘出老年份博恩丘（Côte de Beaune）的香味，怎么会有西班牙酒能和勃艮地如此神似？对曾在勃艮地附近住过好几年的我来说，真是又惊又喜。

当晚，我拿红烧狮子头、干煸四季豆一起与它搭配。这酒，正是要现在喝，趁它最巅峰的时候，一饮而尽！

Info

国家：西班牙

产区：里奥哈(Rioja)

葡萄品种：100%田帕尼优

消费者购价：255元

酒庄成立：1882年

酒庄葡萄园面积：17公顷

是否有机种植：否

酒庄平均年总产量：6,666,666瓶

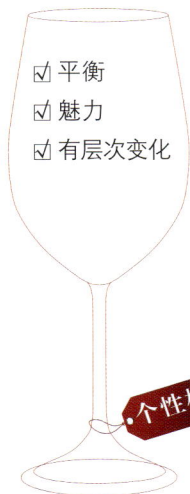

☑ 平衡

☑ 魅力

☑ 有层次变化

个性标签

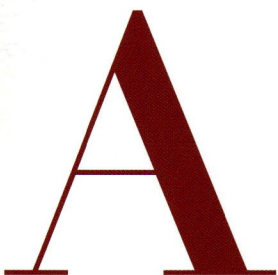

A

badal 3,9 (Pla de Bages) 2006

阿黛儿

　　辛辣的口感、甜度低、桶味重，身强体刚，这款西班牙酒属于新派作风，不是传统的那一型，让我联想到打扮时髦、去健身房练身体的现代青年。

　　这酒现在喝是有点困难，尤其是对单宁接受度低、怕口感涩的人。但是这也说明了酒是有陈年潜力的，估计再等个三五年就差不多。

　　所以说，喜欢这类型酒的人通常喝不惯那种太阴柔、软趴趴的酒或者陈年的老酒，因为他们要找的是有劲道、一入口就能让人说"哇"的那种酒。

　　这酒搭菜有些困难，估计烧烤类还行，因为它的指向是要在单品时夺人耳目，在盲品让人味蕾震撼，读着书单喝它可能更合适。

»

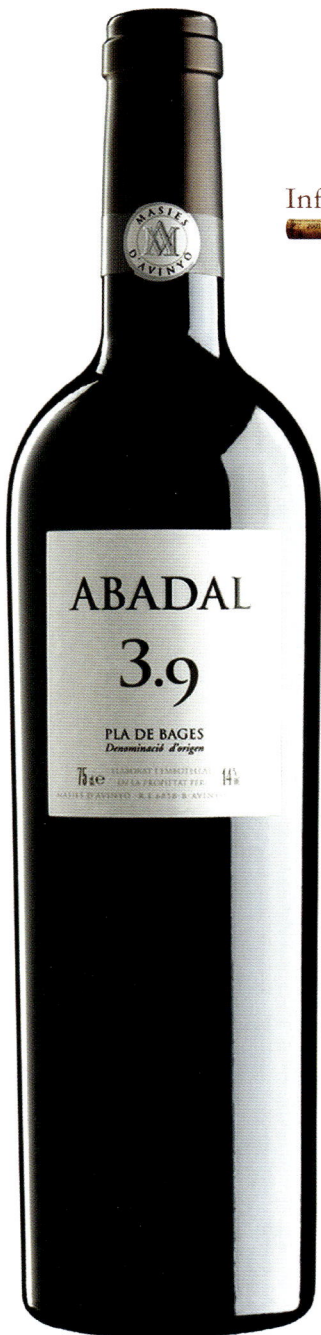

Info

国家：西班牙

产区：巴赫斯平原(Pla de Bages)

葡萄品种：85%卡本内苏维农，15%希哈

消费者购价:285元

酒庄成立:1995年

酒庄葡萄园面积:127公顷

是否有机种植:否

酒庄平均年总产量:400,000瓶

☑ 窖藏

☑ 硬朗

☑ 有型

个性标签

Alkoomi Shiraz Viognier (Frankland River) 2007

澳可迷黑标系列
——西拉子维欧尼（薇优聂）

»

飘出小红莓果酱的味道，让我联想起早餐的美味。它清爽、自然、轻盈，这样的酒估计有人会说它女性化，而且是很年轻的女孩。

近来将薇优聂混搭西拉子（学的是法国北隆河谷的做法），在澳洲越来越流行，这样的葡萄酒，我个人的看法是它显得更清爽，也更能平衡雄壮、高酒精的澳洲西拉子。

Info

国家：澳大利亚

产区 ：弗兰克地河(Frankland River)

葡萄品种：90%西拉子，10%薇优聂

消费者购价：315元

酒庄成立：1971年

酒庄葡萄园面积：102公顷

是否有机种植：否

酒庄平均年总产量：960,000瓶

☑ 讨喜
☑ 新手试饮

个性标签

A

ltico Syrah
(Jumilla)
2007

阿蒂克希拉子(希哈)

»

这款色泽深沉的西班牙酒宛如一颗紫红色的宝石，飘出的是紫罗兰香以及一些似曾相识的花香。举杯一饮，辛辣、薄荷，口感相当甜，单宁虽然在但不是刮舌的那种，清新度也好。一刻钟后杯子里开始散发出黑胡椒香。

第二天回头继续喝时，先前的紫罗兰和黑椒味却给草莓的香味给取代了，入口比之前来得柔软，但依旧感觉得到背后有人在撑腰，所以说，这酒要醒一醒再喝，或者等个一两年。

Info

国家：西班牙
产区：胡米亚(Jumilla)
葡萄品种：100%希哈
消费者购价：265元
酒庄成立：1990年
酒庄葡萄园面积：28.3公顷
是否有机种植：否
酒庄平均年总产量：180,000瓶

☑ 外向
☑ 有层次变化
☑ 窖藏

个性标签

Atalayas Crianza (Ribera del Duero) 2007

阿塔拉亚斯橡木桶珍藏干红

黑莓、桑葚！这样的香味，估计有不少爱吃甜食的女孩子也想尝一尝。此外还有浓浓的香草气息。

桶味尚明显而且单宁还有些紧，但果味蛮多。一般说来一款佳酿酒等级（Crianza）能在上市没多久就能喝，然而这个2007年的尚年轻，需要个一、两年才好喝，然而同款的2006却已经相当容易入口。所以，选酒的时候，尽管是同一款酒但年份的不同、熟成时间的长短还是很关键的。

然而不管喝甚么酒还是不要执意、死脑筋只想要最好、最高等级的葡萄酒，因为那类型的酒通常需要耐心、需要时间沉淀才会达到巅峰。

»

Info

国家：西班牙
产区：杜罗河岸(Ribera del Duero)
葡萄品种：100%丹魄红
消费者购价：265元
酒庄成立：2004年
酒庄葡萄园面积：90公顷
是否有机种植：是
酒庄平均年总产量：180,000瓶

ATALAYAS
de golbán
ribera del duero
denominación de origen

CRIANZA
2007

750 ML · 14.2% VOL.

☑ 讨喜
☑ 新手试饮

个性标签

Château Malescasse (Haut-Médoc) 2005

法国玛尔斯卡塞

波尔多优等干红

»

整个法国的葡萄酒在2005年都有不错的收成。

这酒我试了两瓶，两瓶状况不一样，整体而言，这款波尔多蛮柔顺，几乎没"骨头"，微微的果味，末了有少许的烟熏味，现在正是适合喝的时候。

它虽然没有什么很吸引人的特点，但也没什么缺点，这种酒拿来配菜吃饭，还是相当舒服的。

Info

国家：法国
产区 ： 波尔多梅克多上游区
(Haut-Médoc)
葡萄品种：35%梅洛, 55%卡本
内苏维农, 10%卡本内芙虹
消费者购价：300元
酒庄成立：1824年
酒庄葡萄园面积：37公顷
是否有机种植：否
酒庄平均年总产量：156,000瓶

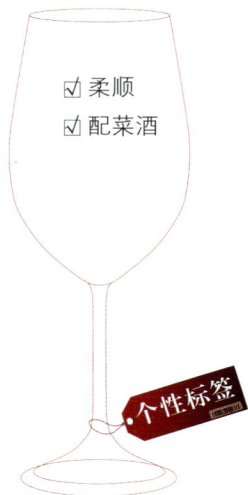

CRU BOURGEOIS

CHATEAU
MALESCASSE
2005
HAUT-MÉDOC
APPELLATION HAUT-MÉDOC CONTRÔLÉE
S.A.S. CHATEAU MALESCASSE, PROPRIÉTAIRE À LAMARQUE - GIRONDE - FRANCE
MIS EN BOUTEILLE AU CHÂTEAU

☑ 柔顺
☑ 配菜酒

个性标签

300 RMB NICE BUY

Château Paradis (Provence) 2007

天堂庄园红葡萄酒

»

天堂堡，这酒庄，光看名字都让人有飘飘然的感觉。

打开来一品，胡椒香迎面而来，甜度高，有种水果超熟的感受。入口后辛辣而带着培根肉味。酒体很硬，而且木质感尚重，此外单宁强悍，现在喝还太早，加上清新度不错，需要再存放个三五年后喝才会更可口。

这酒需要时间，也需要有点功力的人来喝。

Info

国家：法国

产区：普罗望斯(Provence)

葡萄品种：卡本内苏维农, 格纳希, 希哈

消费者购价：300元

酒庄成立：2003年

酒庄葡萄园面积：30公顷

是否有机种植：否

酒庄平均年总产量：不详

☑ 窖藏
☑ 硬朗

·个性标签

Col d'Orcia (Rosso di Montalcino) 2006

科尔多奇亚 蒙塔奇诺

布内洛蒙塔奇诺（Brunello di Montalcino）乃意大利明星产区托斯卡纳中的明星，它也是意大利酒区中第一个进阶为DOCG的产区。

法规中言明此酒要由桑娇维赛（Sangiovese）这种活泼的葡萄酿制，而且得百分之百。Rosso则是它的托，打个比方，它宛如波尔多城堡酒的二军酒，属于在等正牌酒熟成时先垫着喝的等级，然而，我们绝对不可因此而鄙视它，原因在于有了Rosso di Montalcino的存在，蒙塔奇诺（Montalcino）的质量更精选，而且它性价比好，等的时间短，除此之外，这类型的酒配菜比较不伤脑筋，尤其是配中国菜，足够美味。

它容易上口，没什么单宁，组织感也不复杂，适合刚开始喝葡萄酒的人。而且它的红果味充沛，甜味也高，很容易光是在闻香的时候就让人很托斯卡纳。入口后单宁低，顺口，带些橡木桶香，另外还有类似中国的烟熏红枣味，到了后半段出现了咖啡，和碳烤牛仔骨的那股熏烤搭得刚刚好。

Info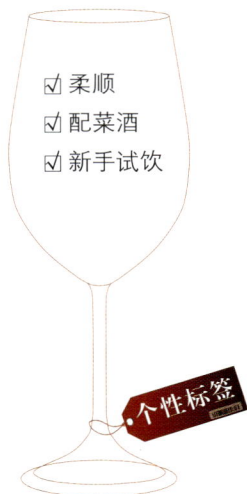

国家：意大利

产区：蒙塔奇诺(Montalcino)

葡萄品种：100%桑娇维赛

消费者购价：349元

酒庄成立：1933年

酒庄葡萄园面积：140公顷

是否有机种植：否

酒庄平均年总产量：600,000瓶

☑ 柔顺

☑ 配菜酒

☑ 新手试饮

个性标签

Decero Malbec (Mendoza) 2008

德切罗—马尔贝克

一尝，就知道这酒绝对是新世界的作品。

它香甜，几乎有种波特酒的浓郁，新桶味也很重，而且酒精度高。不少朋友很喜欢这种类型的葡萄酒，觉得这样的酒才有劲。

它让我想起阿根廷的风景，那儿的人给我爱憎分明的感觉，不知这酒是否也受到探戈的感染，还是骨子里因为有这种元素，阿根廷人才会有这样的舞蹈。口感末了有些苦，超成熟的果味，饮者要么会很喜欢，要么可能受不了。

》

Info

国家：阿根廷
产区：门多萨(Mendoza)
葡萄品种：100%马尔贝克
消费者购价：339元
酒庄成立：2005年
酒庄葡萄园面积：110公顷
是否有机种植：否
酒庄平均年总产量：312,000瓶

DECERO

MALBEC

REMOLINOS VINEYARD · AGRELO

MENDOZA · ARGENTINA

☑ 浓郁
☑ 甜美
☑ 典型

个性标签

Delas Les Launes (Crozes-Hermitage) 2007

德拉斯酒庄朗佛斯干红

黑胡椒的香味沉在杯底，我摇了摇，它才害羞地上来打招呼。

这样的酒通常都是老世界的酒，比较需要时间才会表现自己，不似大部分新世界的酒那样外向（当然这不是绝对论）。

口感封闭，而且有点硬，组织感蛮好，单宁也多，不像是好讲话的人，是条硬汉子，然而它也有柔情的一面，一刻钟后开始飘出淡淡的花香。我欣赏这样的葡萄酒，需要懂它、理解它，就跟人一样，虽然需要更多的交谈和相处，却能够丰富人生。

现在开瓶似乎早了点，等个两三年估计正好。如果等不了，那就借助醒酒器吧，醒个半小时或者三刻钟是必要的。

国家：法国

产区：隆河谷, 克罗兹–爱蜜塔芝 (Crozes–Hermitage)

葡萄品种：100%希哈

消费者购价：320元

酒庄成立：1835年

酒庄葡萄园面积：30公顷

是否有机种植：否

酒庄平均年总产量：1,750,000瓶

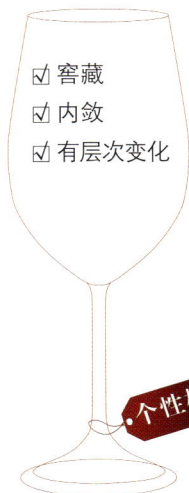

RMB NICE BUY

300

LES LAUNES

2007

CROZES-HERMITAGE

APPELLATION CROZES-HERMITAGE CONTRÔLÉE

ÉLEVÉ ET MIS EN BOUTEILLE PAR DELAS FRÈRES À TOURNON-SUR-RHÔNE · FRANCE

DELAS

PRODUIT DE FRANCE · PRODUCE OF FRANCE

☑ 窖藏

☑ 内敛

☑ 有层次变化

个性标签

Domaine de Beaurenard (Rasteau) 2008

伯荷纳庄园

当酒倒入杯中的时候，我就已经对它产生好感，那种黑胡椒香浅浅地在杯口缭绕着，虽然还很保守，仍是有魅力。

这款酒酒体硬朗，刚正不阿，不是那么容易亲近，醒酒需要醒得长一点，或者放在酒窖里再等个三年。中国大多数的消费者并不熟悉隆河谷的酒，但这个产区的葡萄酒其实很有自己的型，而且性价比好，这里产的普级酒也非常容易搭配中国菜。

喝了许多澳洲西拉子（Shiraz）的人，来到法国产区，应该试试隆河谷的希哈，因为它们是同个品种。另外，南隆河谷的格纳希，也很有个人风格，正如这款酒。

>>

国家：法国

产区：隆河谷, 贺斯托(Rasteau)

葡萄品种：80%格纳希，20%希哈

消费者购价：346元

酒庄成立：1695年

酒庄葡萄园面积：57公顷

是否有机种植：否

酒庄平均年总产量：200,000瓶

300 RMB NICE BUY

☑ 窖藏
☑ 内敛
☑ 硬朗

个性标签

147

F

attoria di Lucignano (Chianti) 2006

梵瑞德乐诺红葡萄酒

»

深红的樱桃色，通透见底。

尽管喝酒时，颜色并不是我最在意的（除了盲品时作为推断的线索），但这么可人的色泽，还真忍不住多瞧它两眼。

拿起酒杯来闻，飘着少许樱桃香，入口后小红果子跳了出来，口感柔软中却带着骨架。现在能喝了，但还能再藏个两三年。两天后的状况是口感变得更醇厚些，袅袅的咖啡香，让我对这样的樱桃红有着一点遐想。

Info

国家：意大利

产区：奇昂蒂 (Chianti)

葡萄品种：70%桑娇维赛，10%卡内奥罗、柯洛利亚，20%梅洛、卡本内家族

消费者购价：297元

酒庄成立：1970年

酒庄葡萄园面积：32公顷

是否有机种植：否

酒庄平均年总产量：120,000瓶

☑ 柔顺
☑ 讨喜

个性标签

149

Finca Perdriel Centenario (Mendoza) 2005

普里奥庄园世纪珍藏干红

这酒讨喜，尤其是喜欢果味丰富的人一定中意。

举杯一尝，写下的形容词还真不少，尤其对一款阿根廷的波尔多品种混酿来说（马尔贝克占40%，梅洛以及卡本内苏维农分占30%）：丝许的薄荷，清新，微微的果甜中夹杂着少许的辛辣感，香料味多，酒体复杂，单宁后来才慢慢晕染开，末了以淡淡的巧克力做了一个很不错的结尾。最重要的是这酒还需要个三五年才会表现得更精彩，也就是说这款酒的性价比很高，因为在这价位还能挺个十年的不多。

当晚我自己下厨，烧了个花椒卤鸡腿，不是什么费工夫的大菜，纯粹靠时间把味道给煮进去而已，没想到拿这款酒来搭配的效果出乎意料地好，吊出了鲜甜，估计是花椒和酒中的香料味正好对路，谱出了如此神奇的组合。

想尝尝南美滋味的人，可以买了放几年再喝。

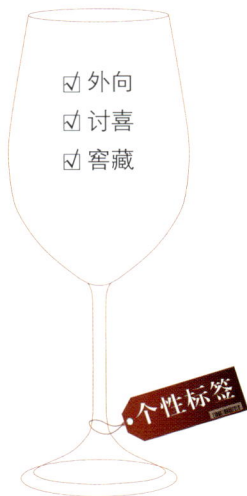
Info

国家：阿根廷

产区：门多萨(Mendoza)

葡萄品种：40%马尔贝克, 30%
卡本内苏维农, 30%梅洛

消费者购价：297元

酒庄成立：1895年

酒庄葡萄园面积：100公顷

是否有机种植：否

酒庄平均年总产量：100,000瓶

☑ 外向

☑ 讨喜

☑ 窖藏

个性标签

Frescobaldi Nipozzano Riserva (Chianti Rufina) 2007

花思蝶 力宝山路珍藏

用标准品酒杯时这酒显得很内敛，改用勃艮地的红酒大肚杯时，就闻到了樱桃的味。这款酒的单宁很高，带着黑咖啡那种熏烤的苦味，苦梗味明显，肯定要再等个两三年。

两天后，咖啡转成了巧克力味，不过依然是黑的那种，少许动物味，蛮出乎意料。五天后，演变成浓密香甜的香草味，口感也变得辛辣，果味此时方得展现，清新、微甜，直到末了才再现原来的黑巧克力味，没想到竟然要开瓶一星期才刚好能喝。叫了一盘黑椒牛柳粒，喝了一口，真是好呀，衬出了黑椒的香气，这种感觉就像对上号了，也是玩葡萄酒和食物搭配游戏最快乐的时候！

300

Info

国家：意大利

产区 ： 奇昂蒂鲁芬娜(Chianti Rufina)

葡萄品种：90%桑娇维赛, 10% 黑玛法姿亚、柯洛利诺、梅洛、卡本内苏维农

消费者购价：350元

酒庄成立：1855年

酒庄葡萄园面积：240公顷

是否有机种植：否

酒庄平均年总产量：1,080,000瓶

☑ 内敛

☑ 有层次变化

☑ 窖藏

个性标签

Geoff Merrill
Jacko's Blend Shiraz
(McLaren Vale)
2005

西拉子干红　高美麦克拉伦谷（迈拉仑谷）

》

　　这款西拉子很澳洲，咖啡、香草味浓又浓。入口后该有的都有，却也不过火，蛮平衡。况且余味、清新度皆可，架构也在，末了还有巧克力的醇厚感。

　　可以拿它来下饭，也可以在睡觉前读一本书的时候喝个小半杯。如果此时外面飘着雪，家里有个壁炉，那么估计就会窝在懒人沙发里不想起来了。

300 RMB NICE BUY

Info

国家：澳大利亚

产区：迈拉仑谷(McLaren Vale)

葡萄品种：100%西拉子

消费者购价：273元

酒庄成立：1980年

酒庄葡萄园面积：30公顷

是否有机种植：否

酒庄平均年总产量：720,000瓶

☑ 典型
☑ 浓郁
☑ 外向

个性标签

M

as de Clergues
(Pays d'Oc)
2008

克蕾格干红

这酒看上去像层红丝绒的窗帘，透些紫的深红，煞是好看。

一开始酒精的力量就让人有点招架不住，而且单宁坚挺。入口后混着葡萄干与咖啡豆的香味，此外还有着雪茄盒的气味，碳熏的丝丝苦味，虽然有些酸溜溜的红果子味，但整体口感还是比较甜的。

需要再放上一阵。这款红酒，是给经过历练的人、在江湖中打过滚的人，是给硬汉子喝的。

»

Info

国家：法国

产区：奥克(Pays d'Oc)

葡萄品种：80%梅洛, 10%希哈, 10%卡黑酿

消费者购价：336元

酒庄成立：1852年

酒庄葡萄园面积：35公顷

是否有机种植：否

酒庄平均年总产量：200,000瓶

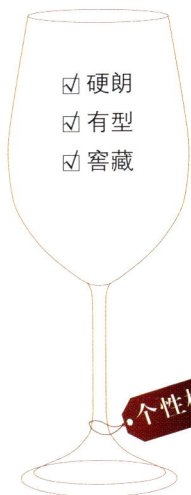

☑ 硬朗

☑ 有型

☑ 窖藏

个性标签

M

omo (by Seresin) Pinot Noir (Marlborough) 2008

莫莫酒庄黑比诺(黑皮诺)干红

>>

漂亮的樱桃红，让人第一眼就对它着迷。再加上一些草莓香，还有淡淡的紫罗兰，这款黑皮诺还真是非常新西兰。

入口后带来微微的甜味，加上一点点香料感，酒体一点也不轻浮，口感倒蛮充实的。这样的黑皮诺不仅很讨刚喝酒的人喜爱，也能收买喝酒喝了一段时间的味蕾。而且它不复杂，和中国菜也能随意搭配。

Info

国家：新西兰

产区：马尔堡(Marlborough)

葡萄品种：100%黑皮诺

消费者购价：290元

酒庄成立：1992年

酒庄葡萄园面积：111公顷

是否有机种植：否

酒庄平均年总产量：360,000瓶

☑ 柔顺
☑ 讨喜
☑ 新手试饮
☑ 配菜酒

个性标签

Ornellaia Le Volte (Toscana) 2008

奥纳亚庄园乐弗特

如果不告诉你这是意大利的酒，估计喝了以后会觉得是美国或智利的红酒。如果喜欢新世界那种甜味多、香草味浓、近乎黏稠感的香气，却又要它来自老世界，那么这瓶酒就是你要找的。

它十分讨喜，因为它有浓度，香气丰富，但复杂度不高，单宁不是一下子就让人紧锁眉头，而是后来渐渐展现（估计过个两三年就消下去了）。可以单喝，也可以拿来配菜，对于喝惯澳洲酒和美国酒的人来说，这是款踏入欧洲酒的好桥梁。

Tenuta dell'Ornellaia是意大利相当有名气的酒庄，其当家酒款Ornellaia也是许多酒迷追捧的对象，但要说真成了"膜拜酒"的，倒是由百分百梅洛酿成的Masseto。这款Le Volte是旗下一款IGT。

》》

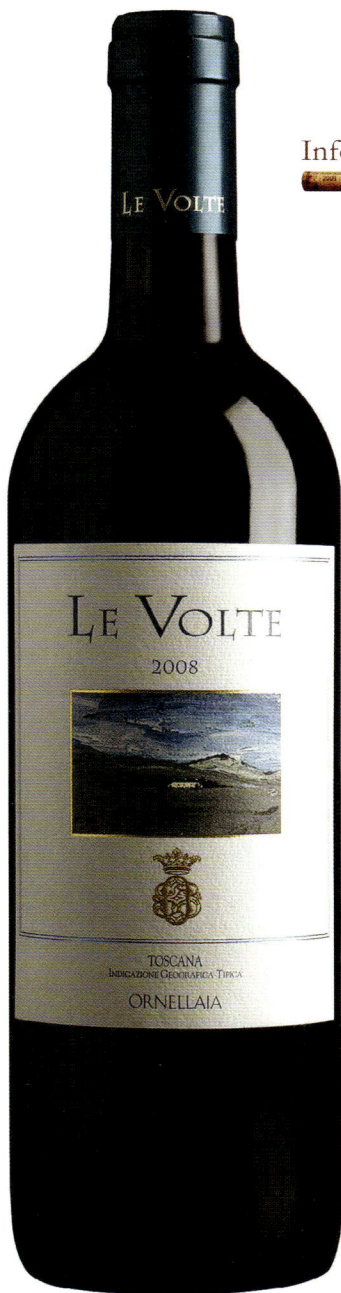

Info

国家：意大利

产区：托斯卡纳 (Toscana)

葡萄品种：50%桑娇维赛, 40%梅洛, 10%卡本内苏维农

消费者购价：334元

酒庄成立：1981年

酒庄葡萄园面积：25公顷

是否有机种植：否

酒庄平均年总产量：450,000 瓶

☑ 浓郁

☑ 外向

☑ 讨喜

个性标签

Silver Heights Family Reserve (宁夏 贺兰山) 2008

银色高地家族珍藏红葡萄酒

如果不说,这酒盲品时绝猜不到是中国酒。

其实它还是很波尔多风格,有着那儿的线条,整体紧致、单宁高,虽然有那么一丁点新世界的倾向,但中国能酿出这样的酒我真是在梦里都会笑醒,以往只有怡园酒庄的酒能搬上台面,现在这个Family Reserve也可以和世界其他以波尔多品种酿制的酒一较高下,值得掌声鼓励。

至于酿制出的酒为什么会有波尔多的味道呢?答案很简单,她曾经在那儿学习酿酒。

这款2008的酒铁定要再等一等才更好,酿酒资历尚浅的她未来无限。想要掰倒看不起中国酒的人,拿这酒,铁定成功。

国家：中国

产区：宁夏，贺兰山东麓

葡萄品种：80%卡本内苏维农，
10%蛇龙珠，10%卡本内芙虹

消费者购价：239元

酒庄成立：2007年

酒庄葡萄园面积：2公顷

是否有机种植：是

酒庄平均年总产量：10,000瓶

RMB NICE BUY

300

☑ 窖藏
☑ 有型

个性标签

Terrace Heights Estate Pinot Noir (Marlborough) 2007

梯丽丝酒庄
黑皮诺红葡萄酒

»

尽管闻起来有些偏甜，但混合着香料味，蛮有层次感。入口温和，酒身完整而且比例均匀。口感尽管也有些甜，幸好一丝黑巧力的苦味将这酒带入了另一种境界，和我的碳烤猪排合唱，相当不错。如果你也喜欢黑巧力的香浓，那么可以试试我这样的搭配。

Info

国家：新西兰
产区：马尔堡(Marlborough)
葡萄品种：100%黑皮诺
消费者购价：295元
酒庄成立：2002年
酒庄葡萄园面积：32公顷
是否有机种植：否
酒庄平均年总产量：120,000瓶

☑ 柔顺
☑ 讨喜
☑ 新手试饮

个性标签

Torreon de Paredes Reserva Privada Merlot (Rengo) 2005

百利达斯私人收藏系列

梅洛

尽管只有五六岁，但这酒却已带着一圈砖色，这通常是上了年纪的老酒的特色。

酒庄的酿酒师是位法国人，所以说尽管是智利酒，但骨子里多少离不开法国的影响。这款梅洛入口时单宁依然坚挺，黑咖啡的味道主导，尽管微甜但果味低，当时喝觉得木质感还过强了些，不过放个一两年就会好些。

最有意思的是，这款酒闻起来会有油加利树的味道（这种情形在澳洲酒其实蛮常见），有酿酒师认为是一种特色，也有人认为是种缺陷。我认为只要酒体平衡，又不排斥这种很奇特的味道的话，便不会介意。就像一颗痣，有人急着点掉，有人却叫它美人痣呢！

Info

国家：智利

产区：伦戈(Rengo)

葡萄品种：100%梅洛

消费者购价：297元

酒庄成立：1979年

酒庄葡萄园面积：80公顷

是否有机种植：否

酒庄平均年总产量：120,000瓶

☑ 窖藏

☑ 有型

个性标签

Torres Celeste Crianza (Ribera del Duero) 2006

桃乐丝星空

西班牙杜罗河岸（Ribera del Duero）河谷的葡萄酒风格现代，也多倾向新世界:香甜诱人，常常一开瓶就立刻让人觉得果味丰富，酒体壮。

这款由嘉泰隆尼亚来的酿酒世家跨省越界到杜罗河展现身手的葡萄酒，风味也相当浓郁，焦糖似的甜蜜，入口后单宁高，有很明显的黑巧克力味和熏烤味，还带点辛辣，并且果味在后半段渐渐明显起来，很有新派作风。

如果喜欢澳洲那种外向、口味重的葡萄酒，那么这款西班牙酒或许是进入老世界的一道门。

≫

Info

国家：西班牙

产区：杜罗河岸(Ribera del Duero)

葡萄品种：100%田帕尼优

消费者购价：269元

酒庄成立：2004年

酒庄葡萄园面积：外买葡萄

是否有机种植：否

酒庄平均年总产量：547,200瓶

☑甜美

☑浓郁

☑外向

个性标签

Yalumba
Shiraz Viognier
(Barossa)
2006

御兰堡巴洛莎
设拉子维安尼亚(西拉子薇优聂)

»

这款西拉子兑上薇优聂的酒我几年前喝过一次，印象不错，这一回依然觉得蛮吸引人，尽管年份不同。

一开始的花香在约莫十分钟后就成了微甜的焦糖味，然后底下透着丁点的薄荷凉，感觉十分好。入口后轻盈，花香果味全部都在杯里轮流打转。单宁少，不咬舌，再加上微微的甜滋味，这酒虽然还是新世界风格，但婉转，不像其他澳洲的西拉子，大喇喇的不修边幅，而是多了一股纤细的口感，这得归功于里头的那个白葡萄薇优聂。

Info

国家：澳大利亚

产区：芭罗萨(Barossa)

葡萄品种：97%西拉子, 3%薇优聂

消费者购价：299元

酒庄成立：1849年

酒庄葡萄园面积：600公顷

是否有机种植：否

酒庄平均年总产量：11,160,000瓶

YALUMBA
AUSTRALIA'S OLDEST FAMILY OWNED WINERY

SHIRAZ · VIOGNIER

BAROSSA

750mL

☑ 有型

☑ 魅力

个性标签

Yering Station Shiraz Viognier (Yarra Valley) 2007

优伶酒庄西拉维奥尼埃（西拉子薇优聂）干红葡萄酒

》

巧克力的香味一会儿就把刚开始的清雅花香给挤到一旁，这酒的果味极丰富，而且非常顺口，虽然没有什么组织感，但也正因如此，它很适合找轻松、不想伤脑筋的人。末了少许的熏烤味留在嘴里，搭配家常菜应该很容易。

RMB NICE BUY

300

Info

国家：澳大利亚

产区：亚拉河谷(Yarra Valley)

葡萄品种：95%西拉子, 5%薇优聂

消费者购价：362元

酒庄成立：1838年

酒庄葡萄园面积：111公顷

是否有机种植：否

酒庄平均年总产量：792,000瓶

☑ 柔顺
☑ 讨喜
☑ 配菜酒

个性标签

VICTORIA'S
Est. 1838
OLDEST VINEYARD

YERING
Station

Yarra Valley

SHIRAZ
VIOGNIER   750ml

翻译名词对照表
Translation

写这本书时，令我特别头疼的不是怎么选酒，而是专有名词用哪个翻译。

对同一个品种、产区，进口商的资料都有各自的翻译。于是我面临一个挑战，到底要用谁的？！几经挣扎、与我的编辑讨论，决定用最靠近的发音来引导读者。同时为了统一部分翻译，我也用了我第一本书《法国人的酒窝》中已翻译好的名词，如此一来，读者们能在我的文字中找到熟悉的翻译词。这些名词同时也公布在我的网站上www.chantalonwine.com，供大家参考。

为了处理一词多译的混乱情况，我将本书中所涉及到的名词，与其常见的翻译一并罗列在此。

地名、产区名

阿尔	Ahr
阿尔萨斯	Alsace
安达鲁西亚	Andalucia
阿内斯	Arneis
巴登 欧它诺	Baden Ortenau
芭芭罗斯科	Barbaresco
芭罗萨（巴洛萨）	Barossa
勃艮地	Bourgogne
布内洛蒙塔奇诺	Brunello di Montalcino
卡查普谷	Cachapoal valley
卡萨布兰卡	Casa Blanca
卡内罗斯	Carneros
中央海岸	Central Coast
中奥塔哥	Central Otago
奇昂蒂	Chianti
经典奇昂蒂	Chianti Classico
奇昂蒂鲁苏娜	Chianti Rufina
夏布丽	Chablis
寇查加谷	Colchagua Valley
库纳瓦拉	Coonawarra
博恩丘	Côte de Beaune
克罗兹-爱蜜塔芝	Crozes-Hermitage
库利寇谷	Curio Valley
芬格拉克斯	Finger Lakes
弗兰克地河	Frankland River
弗留利	Friuli
佳味（加维）	Gavi
吉斯本	Gisborne
霍克斯湾	Hawke's Bay
梅多克上游	Haut-Médoc
猎人谷	Hunter Valley
胡米亚	Jumilla
拉曼恰	La Mancha

地名、产区名

拉里奥哈	La Rioja
莉马丽谷	Limari Valley
卢汉德库约	Lujan de Cuyo
麦坡谷	Maipo Valley
马凯	Marches
玛格丽特河区	Margaret River
马尔堡	Marlborough
莫莱谷	Maule Valley
迈拉仑谷	McLaren Vale
门多萨	Mendoza
曼多奇诺	Mendocino
蒙塔奇诺	Montalcino
莫泽尔	Mosel
那赫	Nahe
纳帕谷	Napa Valley
奥瑞冈	Oregon
柏尔	Paarl
巴索罗布斯	Paso Robles
佩内德斯（宾纳戴丝）	Penedès
皮埃蒙特	Piemonte
波玛	Pommard
普里奥拉	Priorat
奥克	Pays d'Oc
皮埃蒙特	Piemonte
巴赫斯平原	Pla de Bages
菩怡芙塞	Pouilly-Fuissé
菩伊芙美	Pouilly-Fumé
普罗望斯	Provence
普里奥拉	Priorat
贺斯托	Rasteau
伦戈	Rengo
莱茵高	Rheingau
莱因黑森	Rheinhessen
杜罗河岸	Ribera del Duero

地名、产区名

黑河	Rio Negro
里奥哈	Rioja
卢埃达	Rueda
萨尔它	Salta
圣塔芭芭拉	Santa Barbara
索诺玛	Sonoma
南谷	Southern Valley
圣爱美侬	St-Emilion
圣薇红	St-Véran
塔斯马尼亚岛	Tasmania
托罗	Toro
托斯卡纳	Toscana
悟果谷	Uco Valley
罗亚尔河区	Vallée de la Loire
隆河谷	Vallée du Rhône
瓦尔波利塞拉	Valpolicella
维纳图	Veneto
华盛顿州	Washington
亚拉河谷	Yarra Valley

葡萄品种

阿西尔提可	Assyrtiko
阿内斯	Arneis
卡本内芙虹（品丽珠）	Cabernet Franc
卡本内苏维农（赤霞珠）	Cabernet Sauvignon
蛇龙珠	Cabernet Gernischt
卡内奥罗	Canaiolo
卡黑酿（佳丽酿）	Carignan
卡塔拉托	Catarratto
夏东内（霞多丽、莎当妮）	Chardonnay
柯洛利诺	Colorino
柯蒂斯	Cortese

葡萄品种

科维纳 维罗纳	Corvina Veronese
歌舞姿（琼瑶浆）	Gewürztraminer
格雷卡尼寇	Grecanico
格纳希（歌海娜）	Grenache
尹佐立亚	Inzolia
马尔贝克	Malbec
黑玛法姿亚	Malvasia Nera
梅洛（美乐）	Merlot
莫里娜拉	Molinara
蜜斯卡岱	Muscadelle
蜜思卡（麝香）	Muscat
帕雷亚达	Parellada
白皮诺（白比诺）	Pinot Blanc
灰皮诺（灰比诺）	Pinot Gris
黑皮诺	Pinot noir
丽丝玲（雷司令）	Riesling
龙帝纳拉	Rondinella
桑娇维赛	Sangiovese
白苏维农（长相思）	Sauvignon Blanc
赛美蓉	Sémillon
西拉子（设拉子、切拉子）	Shiraz
希哈（西拉、希拉子）	Syrah
田帕尼优（添普兰尼洛）	Tempranillo
丹魄红	Tinto Fino
维蒂奇诺	Verdicchio
薇优聂（维欧尼、维安尼亚）	Viognier

亚历山顿酒业 Alexander Wine Co.

021-61364280
上海市卢湾区局门路427号五里桥创意园区1号楼302室

艾特维斯(上海)贸易有限公司 Altavis Fine Wines

021-62288239
上海市长宁区天山路641号3号楼511室

ASC精品酒业 ASC Fine Wines

021-64453214
上海市黄浦区南京西路338号天安中心8楼

上海嘉成贸易有限公司 Bestill Trading Co., Ltd.

021-64052038
上海市闵行区虹许路408号虹欣大厦8楼828室

鼎佳国际贸易(上海)有限公司
DTASIA International Trading (Shanghai) Co., Ltd.

021-62494300
上海市静安区常熟路88号东艺大厦210室

由西往东(上海)商贸有限公司 EMW Fine Wines

021-62824966
上海市长宁区新华路660号万宝国际商务中心202室

咏葡 Everwines

4008886279
上海市静安区昌平路990号4号楼402室

酒贝坊（上海）商贸有限公司 French Touch Int'l Ltd

021-54659036
上海市卢湾区思南路107号国信创意园1016B室

阁乐葡酒业贸易（上海）有限公司 Globus Wine

021-54660723
上海市徐汇区襄阳南路489号1202室

捷成洋酒　Jebsen Fine Wines

021-23064920
上海市黄浦区延安东路588号东海商业中心东楼9楼

上海米柯尼斯酒业有限公司　Mercuris Fine Wines

021-62982563
上海市普陀区长寿路285号恒达大厦13楼B/C/D座

班提酒业　Panati Wines

021-62552606
上海市卢湾区巨鹿路361号309室

保乐力加(中国)贸易有限公司　Pernod Ricard China

021-23011000
上海市卢湾区湖滨路222号企业天地一号楼20曾2001单元

红樽坊　Ruby Red

021-62342249
上海市长宁区遵义路天山二村41号乙地下酒窖

上海华饮贸易有限公司　Sinodrink

021-62267583
上海市长宁区定西路1100号辽油大厦8楼K座

云门酒业　The Wine Republic

021-54661907
上海市卢湾区泰康路210弄2号楼415室

唯若诗酒窖(汉和贸易)　Vinos KANWA

021-61169550
上海市黄浦区南京西路1618号久光百货B1

酒之吻国际贸易(上海)有限公司　Wine Culture

021-63268899
上海市卢湾区人民路998号金天地国际广场804室

新空气实业有限公司　Wine Discoveries

021—62821179
上海市长宁区番禺路118弄5号402室

上海威师特商贸有限公司　Winesday Company Limited

021—52981199
上海市静安区成都北路333号招商广场东楼1006室

远流贸易（上海）有限公司
Yuanliu International Trade (Shanghai) Co.,Ltd

021—62488498*209
上海市静安区南京西路1468号中欣大厦2001室

北京德龙宝真国际酒业有限公司
Beijing De Long Bao Zhen International Wines Co., Ltd

010—59625268
北京朝阳区东四环路78号大成国际中心A2座1011室

葡道商贸（上海）有限公司　Pudao Wines

021—60907075
上海市武康路376号102室

丰星（上海）贸易有限公司
Feng Xing (Shanghai)Trade Co., Ltd.

021—62679208/9209
上海市茂名北路65弄1号楼206室

本书中所有葡萄酒的基本资料均由进口商提供

旅行喝人生

齊仲蟬 Chantal

旅欧12年，深入全球12个葡萄酒国、乃至中国各省实地拜访近1,000家酒庄，实战经验非常丰富，同时也是国内罕见的自由酒评家。

以敏锐的味蕾与品酒功力、丰厚的葡萄酒知识，于2005年应德国最大葡萄酒展Prowein邀请发表演讲；2004年代表中国担任意大利Vinitaly葡萄酒大赛专业评审，同时也为西班牙Tempranillo al Mundo、新加坡国际葡萄酒展、中国侍酒师及葡萄酒等大赛做评审；并为法国、意大利、美国、阿根廷官方组织，以及顶尖葡萄酒机构主持专业品酒会。

1992年起为联合报深度旅游驻欧记者。曾任中国ELLE杂志编辑，葡萄酒杂志Decanter简体版主编。为内地与台港数十家杂志撰稿，如为香港南华早报集团杂志、《FT睿》、《望Noblesse》撰写葡萄酒专栏。2008年应魔山传播邀请创办中国第一本专业酒杂志Wine Press，同时担任《橄榄美酒评论》杂志名誉主编。

身为全球葡萄酒作家协会（FIJEV）中国代表，写作的第一本图书获得诚品书局2000年度最佳生活图书Top 3。2008年出版的《法国人的酒窝》于2009年在巴黎获得世界美食家图书大赛（Gourmand World Cookbook Award）两项大奖："中国最佳葡萄酒教育图书"及"世界葡萄酒地图首奖"。2011年3月出版第三本书籍《葡萄酒平常问》。

作为2005年"波尔多名酒协会"上海分会创办元老，对葡萄酒的推广不遗余力。2010年获"香槟荣誉勋章会"颁发的至尊级荣誉军官勋章（Officier d'Honneur）。2011年获法国波尔多1855分级协会的荣誉状（diplôme d'honneur des Grands Crus Classés en 1855），也是第一位获得这两项荣誉的中国人。

图书在版编目（CIP）数据

三百元巧买葡萄酒 / 齐仲蝉著. —— 上海：文汇出
版社, 2011.9

ISBN 978-7-5496-0162-2

Ⅰ.①三… Ⅱ.①齐… Ⅲ.①葡萄酒－基本知识
Ⅳ.①TS262.6

中国版本图书馆CIP数据核字(2011)第091898号

三百元巧买葡萄酒

文/图 齐仲蝉 Chantal CHI

责任编辑/闻　之
装帧设计/王　翔
出版发行/**文匯**出版社
　　　　上海市威海路755号（邮政编码200041）
经　　销/全国新华书店
印刷装订/上海利丰雅高印刷有限公司
版　　次/2011年9月第一版
印　　次/2011年9月第一次印刷
开　　本/640×960　1/16
字　　数/220千
印　　张/13

ISBN 978-7-5496-0162-2
定　　价/ 58.00元

本书由上海康豪软件科技发展有限公司合作出版